PLVTARCHVS

DEMOSTHENES ET CICERO

EDIDIT

KONRAT ZIEGLER

CORRIGENDA
CVRAVIT

HANS GÄRTNER

STVTGARDIAE ET LIPSIAE
IN AEDIBVS B.G.TEVBNERI MCMXCIV

Die Deutsche Bibliothek — CIP-Einheitsaufnahme

Plutarchus:
[Vitae parallelae]
Plutarchi Vitae parallelae / ed. Ziegler. — Kart. Studienausg. —
Stutgardiae ; Lipsiae : Teubner
(Bibliotheca scriptorum Graecorum et Romanorum Teubneriana)
NE: Ziegler, Konrat [Hrsg.]

Plutarchus: Demosthenes et Cicero. — Kart. Studienausg. — 1994

Plutarchus:
Demosthenes et Cicero / Plutarchus.
Ed. Konrat Ziegler.
Corrigenda cur. Hans Gärtner. — Kart. Studienausg. —
Stutgardiae ; Lipsiae : Teubner, 1994
(Plutarchi Vitae parallelae)
(Bibliotheca scriptorum Graecorum et Romanorum Teubneriana)
Einheitssacht.: Vitae parallelae

ISBN 3-8154-1691-4
NE: Ziegler, Konrat [Hrsg.]

Kartonierte Studienausgabe von:
Plutarchi vitae parallelae Vol. I. Fasc. 2 ed. Ziegler.
Ed. corr. ['64^3] 1994

Printed in Germany
Druck und Bindung: Druckhaus Köthen GmbH

PLVTARCHVS

VITAE PARALLELAE

CONSPECTVS SIGLORVM

N = cod. Matritensis saec. XIV
N¹ = scriptura manus primae cod. **N**
N² = scriptura manus secundae cod. **N**
Nᵐ = scriptura marginis cod. **N** (ubi nil aliud adnotatur, in ipso
        textu **N** idem legitur quod in meo textu)
Nᵗ = scriptura ipsius textus cod. **N** (ubi nil aliud adnotatur, in
        margine **N** idem legitur quod in meo textu). eadem ratione
        in scripturis ceterorum codicum usus sum
U = Vaticanus 138 veteris manus saec. X/XI
U = Vaticanus 138 recentioris manus (in Demosthene et Cice-
        rone) saec. XIV
N = *NU* (in Demosthene et Cicerone)
S = Seitenstettensis saec. XI/XII
M = Marcianus 385 saec. XIV/XV
A = Parisinus 1671 a. 1296
B = Parisinus 1672 saec. XIV ineuntis
C = Parisinus 1673 saec. XIII
E = Parisinus 1675 saec. XIV
ϒ = UMA (**BCE**)
O = Pseudo-Appianus
Oᵛ = Pseudo-Appiani cod. Vaticanus saec. XIV/XV
Oᵐ = Pseudo-Appiani cod. Marcianus a. 1441
Oˡ = Pseudo-Appiani classis deterior

NOTAE

Am.	= Amyot		Ri.	= Richards
Anon.	= Anonymus		Scal.	= Scaliger
Br.	= Bryan		Sch.	= Schaefer
Cast.	= Castiglioni		Sint.	= Sintenis
Cob.	= Cobet		Sol.	= Solanus
Cor.	= Coraes		Va.	= Valckenaer
Emp.	= Emperius		Vulc.	= Vulcobius
Ha.	= Hartman		We.	= Westermann
Herw.	= van Herwerden		Wil.	= v. Wilamowitz-Moellen-
Kron.	= Kronenberg			dorff
Leop.	= Leopold		Wytt.	= Wyttenbach
Li.	= Lindskog		Xy.	= Xylander
Mu.	= Muret		Zie.	= Ziegler
Rei.	= Reiske			

Margini exteriori adscripsi paginas editionis Francofurtanae
(a. 1599 et 1620), interiori Sintenisianae minoris (a. 1852—55,
postea saepius repetitae) et Lindskogianae (a. 1914).

IV

DEMOSTHENES ET CICERO

846   1. Ὁ μὲν γράψας τὸ ἐπὶ τῇ νίκῃ τῆς Ὀλυμπίασιν ἱππο-
δρομίας εἰς Ἀλκιβιάδην ἐγκώμιον, εἴτ' Εὐριπίδης (PLG
II p. 266 B⁴) ὡς ὁ πολὺς κρατεῖ λόγος, εἴθ' ἕτερός τις ἦν,
ᾧ Σόσσιε Σενεκίων, φησὶ χρῆναι τῷ εὐδαίμονι πρῶτον 5
ὑπάρξαι „τὰν πόλιν εὐδόκιμον·‟ ἐγὼ δὲ τῷ μὲν εὐδαιμο-
νήσειν μέλλοντι τὴν ἀληθινὴν εὐδαιμονίαν, ἧς ἐν ἤθει καὶ
διαθέσει τὸ πλεῖστόν ἐστιν, οὐδὲν ἡγοῦμαι διαφέρειν ἀδό-
c ξου καὶ ταπεινῆς ⁚ ατρίδος ἢ μητρὸς ἀμόρφου καὶ μικρᾶς
2 γενέσθαι. γελοῖον γάρ, εἴ τις οἴοιτο τὴν Ἰουλίδα, μέρος 10
μικρὸν οὖσαν οὐ μεγάλης νήσου τῆς Κέω, καὶ τὴν Αἴγι-
ναν, ἣν τῶν Ἀττικῶν τις ἐκέλευεν ὡς λήμην τοῦ Πειραιῶς
ἀφελεῖν, ὑποκριτὰς μὲν ἀγαθοὺς τρέφειν καὶ ποιητάς,
ἄνδρα δ' οὐκ ἄν ποτε δύνασθαι δίκαιον καὶ αὐτάρκη καὶ
3 νοῦν ἔχοντα καὶ μεγαλόψυχον ἐξενεγκεῖν. τὰς μὲν γὰρ 15
ἄλλας τέχνας εἰκός ἐστι, πρὸς ἐργασίαν καὶ δόξαν συνι-
σταμένας, ἐν ταῖς ἀδόξοις καὶ ταπειναῖς πόλεσιν ἀπομα-
ραίνεσθαι, τὴν δ' ἀρετὴν ὥσπερ ἰσχυρὸν καὶ διαρκὲς φυτὸν 318 L
d ἐν ἅπαντι ῥιζοῦσθαι τόπῳ, φύσεώς γε χρηστῆς καὶ φι-
4 λοπόνου ψυχῆς ἐπιλαμβανομένην. ὅθεν οὐδ' ἡμεῖς, εἴ τι 20
τοῦ φρονεῖν ὡς δεῖ καὶ βιοῦν ἐλλείπομεν, τοῦτο τῇ μι-
κρότητι τῆς πατρίδος, ἀλλ' αὐτοῖς δικαίως ἀναθήσομεν.

12 Plut. Per. 8, 7 mor. 186 c 803 a Aristot. rhet. 3, 10 Athen.
3, 99 d Strab. 9, 395; cf. mor. 1101 c

[N(U ABCE =)Υ] 5 ᾧ σόσιε (ex σῶσιε corr.) σενεκίων N: σόσ-
σιε Υ ‖ 6 τὰν NU: τὴν A | τῷ μὲν ΥN²: τῷ μὲν τῷ N¹ ‖ 8 δια-
φέρειν ἡγοῦμαι Υ ‖ 9 ἀμόρφου Υ: ἀδόξου N ‖ 13 ἀφελεῖν N: om.
Υ, cf. testim. ‖ 15 ἐξενεγκεῖν N: προενεγκεῖν A προελθεῖν U |
μὲν N: om. Υ ‖ 16 καὶ N: ἢ Υ ‖ 19 γε Br.: τε ‖ 20 ἐπιλαβομέ-
νην N | τι om. U ‖ 21 καὶ τοῦ βιοῦν N | τοῦτο οὐ τῇ U | σμι-
κρότητι Υ

2. Τῷ μέντοι σύνταξιν ὑποβεβλημένῳ καὶ ἱστορίαν,
ἐξ οὐ προχείρων οὐδ᾽ οἰκείων, ἀλλὰ ξένων τε τῶν
πολλῶν καὶ διεσπαρμένων ἐν ἑτέροις συνιοῦσαν ἀνα-
γνωσμάτων, τῷ ὄντι χρῆν πρῶτον ὑπάρχειν καὶ μάλιστα
5 „τὰν πόλιν εὐδόκιμον" καὶ φιλόκαλον καὶ πολυάνθρωπον,
210 8 ὡς βιβλίων τε παντοδαπῶν ἀφθονίαν ἔχων, καὶ ὅσα τοὺς
γράφοντας διαφυγόντα σωτηρίᾳ μνήμης ἐπιφανεστέραν
εἴληφε πίστιν, ὑπολαμβάνων ἀκοῇ καὶ διαπυνθανόμενος,
μηδενὸς τῶν ἀναγκαίων ἐνδεὲς ἀποδιδοίη τὸ ἔργον. ἡμεῖς 2 e
10 δὲ μικρὰν μὲν οἰκοῦντες πόλιν, καὶ ἵνα μὴ μικροτέρα
γένηται φιλοχωροῦντες, ἐν δὲ Ῥώμῃ καὶ ταῖς περὶ τὴν
Ἰταλίαν διατριβαῖς οὐ σχολῆς οὔσης γυμνάζεσθαι περὶ
τὴν Ῥωμαϊκὴν διάλεκτον ὑπὸ χρειῶν πολιτικῶν καὶ τῶν
διὰ φιλοσοφίαν πλησιαζόντων, ὀψέ ποτε καὶ πόρρω τῆς
15 ἡλικίας ἠρξάμεθα Ῥωμαϊκοῖς συντάγμασιν ἐντυγχάνειν,
καὶ πρᾶγμα θαυμαστὸν μέν, ἀλλ᾽ ἀληθὲς ἐπάσχομεν. οὐ 3
γὰρ οὕτως ἐκ τῶν ὀνομάτων τὰ πράγματα συνιέναι καὶ
γνωρίζειν συνέβαινεν ἡμῖν, ὡς ἐκ τῶν πραγμάτων, ⟨ὧν⟩
ἁμῶς γέ πως εἴχομεν ἐμπειρίαν, ἐπακολουθεῖν δι᾽ αὐτὰ
20 καὶ τοῖς ὀνόμασι. κάλλους δὲ Ῥωμαϊκῆς ἀπαγγελίας καὶ 4 f
319 L τάχους αἰσθάνεσθαι καὶ μεταφορᾶς ὀνομάτων καὶ ἁρμο-
νίας καὶ τῶν ἄλλων, οἷς ὁ λόγος ἀγάλλεται, χαρίεν μὲν
ἡγούμεθα καὶ οὐκ ἀτερπές· ἡ δὲ πρὸς τοῦτο μελέτη καὶ
ἄσκησις οὐκ εὐχερής, ἀλλ᾽ οἷστισι πλείων τε σχολὴ καὶ
25 τὰ τῆς ὥρας ἔτι [πρὸς] τὰς τοιαύτας ἐπιχωρεῖ φιλοτιμίας.

3. Διὸ καὶ γράφοντες ἐν τῷ βιβλίῳ τούτῳ, τῶν παραλ- 847
λήλων βίων ὄντι πέμπτῳ, περὶ Δημοσθένους καὶ Κικέ-
ρωνος, ἀπὸ τῶν πράξεων καὶ τῶν πολιτειῶν τὰς φύσεις

N(U ABCE =)Υ] 2 τῶν om. N ‖ 4 χρή: em. Campe ‖ 6 βυβ-
λίων U | ἔχων Rei.: ἔχειν ‖ 7 διαφεύγοντα Υ | σωτηρίαν N ‖
9 μηδενὸς τῶν N: μὴ πολλῶν μηδ᾽ Υ ‖ 10 μὲν om. Υ ‖ 11.12 περὶ
τῆς ἰταλίας supplev. U² | τὴν s. s. N ‖ 12 οὐ] ἐν supplev. U² ‖
13 πολυτελῶν supplev. U² ‖ 15 ἠρξάμεθα U ἠψάμεθα A | συντάγ-
μασιν N: γράμμασιν Υ ‖ 18 ὧν add. Rei. ‖ 19 ἐμπειρίας Υ | διὰ
ταῦτα Υ ‖ 21 καὶ γὰρ ἁρμονίας N ‖ 24 εὐχερής Υ: ἀμαθὴς γένοιτ᾽
ἂν N εὐμαρὴς γέν. ἂν Graux ‖ 25 πρὸς del. Madvig quod frustra
tuetur Erbse cl. Thuc. 4, 107, 1 Xen. hell. 2, 4, 34 προσέτι vel
⟨σπουδὴν⟩ vel ⟨ἰσχὺν⟩ ἔτι᾽πρὸς Ri. | ἐπιχωρεῖ: ὑπάρχει Zie. ‖
28 τῶν² temere excidit in ed. 2.

3

αὐτῶν καὶ τὰς διαθέσεις πρὸς ἀλλήλας ἐπισκεψόμεθα,
τὸ δὲ τοὺς λόγους ἀντεξετάζειν καὶ ἀποφαίνεσθαι, πότε-
2 ρος ἡδίων ἢ δεινότερος εἰπεῖν, ἐάσομεν. ,,κακὴ'' γὰρ
ὥς φησιν ὁ Ἴων (TGF p. 744 N²) ,,δελφῖνος ἐν χέρ-
σῳ βία'', *** ἦν ὁ περιττὸς ἐν ἅπασι Καικίλιος 5
ἀγνοήσας, ἐνεανιεύσατο σύγκρισιν τοῦ Δημοσθένους λό-
γου καὶ Κικέρωνος ἐξενεγκεῖν. ἀλλὰ γὰρ ἴσως, εἰ παντὸς
ἦν τὸ ,,γνῶθι σαυτὸν'' ἔχειν πρόχειρον, οὐκ ἂν ἐδόκει τὸ
b 3 πρόσταγμα θεῖον εἶναι. Δημοσθένει γὰρ Κικέρωνα τὸν
αὐτὸν ἔοικε πλάττων ἐξ ἀρχῆς ὁ δαίμων πολλὰς μὲν εἰς 211 S
τὴν φύσιν ἐμβαλεῖν αὐτοῦ τῶν ὁμοιοτήτων, ὥσπερ τὸ 11
φιλότιμον καὶ φιλελεύθερον ἐν τῇ πολιτείᾳ, πρὸς δὲ κιν-
δύνους καὶ πολέμους ἄτολμον, πολλὰ δ' ἀναμεῖξαι καὶ
4 τῶν τυχηρῶν. δύο γὰρ ἑτέρους οὐκ ἂν εὑρεθῆναι δοκῶ
ῥήτορας ἐκ μὲν ἀδόξων καὶ μικρῶν ἰσχυροὺς καὶ μεγά- 15
λους γενομένους, προσκρούσαντας δὲ βασιλεῦσι καὶ τυ-
ράννοις, θυγατέρας δ' ἀποβαλόντας, ἐκπεσόντας δὲ τῶν 320 L
πατρίδων, κατελθόντας δὲ μετὰ τιμῆς, ἀποδράντας δ'
αὖθις καὶ ληφθέντας ὑπὸ τῶν πολεμίων, ἅμα δὲ παυσα-
c μένῃ τῇ τῶν πολιτῶν ἐλευθερίᾳ τὸν βίον συγκαταστρέ- 20
5 ψαντας· ὥστ' εἰ γένοιτο τῇ φύσει καὶ τῇ τύχῃ καθάπερ
τεχνίταις ἅμιλλα, χαλεπῶς ἂν διακριθῆναι, πότερον αὕτη
τοῖς τρόποις ἢ τοῖς πράγμασιν ἐκείνη τοὺς ἄνδρας ὁμοιο-
τέρους ἀπείργασται. λεκτέον δὲ περὶ τοῦ πρεσβυτέρου
πρότερον. 25

4. Δημοσθένης ὁ πατὴρ Δημοσθένους ἦν μὲν τῶν κα-
λῶν καὶ ἀγαθῶν ἀνδρῶν, ὡς ἱστορεῖ Θεόπομπος (FGrH

26 Aeschin. 3, 171 Zosim. p. 146 R. Phot. bibl. 492b 21

[N(UABCE=)Υ] 1 ἐπισκεψώμεθα N ‖ 2 πότερον Υ ‖ 3 δει-
νότερον A | εἰπεῖν Υ: ἦν εἰπεῖν N | ἐάσωμεν N | κακὴ N: κακεῖ
Υ quod tuetur Sch. | γὰρ Plutarchi esse, articulo ἡ facile careri
posse docet Kron. ‖ 4 ⟨ἡ⟩ δελφῖνος Sol. ‖ 5 lac. stat. Zie. | ἦν]
'subaudi παροιμίαν' Sch. δ Ha. | κεκίλιος Υ ‖ 6 λόγου om. Υ ‖
7 ἀλλὰ γὰρ] incipit (in charta papyr.) m. nova U (U), cf. praef. ‖
8.9 τὸ πρόσταγμα U: πρόσταγμα Υ τὸ πρᾶγμα N ‖ 9 δημοσθένην
Υ | γὰρ N: γὰρ καὶ Υ ‖ 10 ἐξ N: ἀπ' Υ ‖ 10.11 ἐμβαλεῖν εἰς τὴν
φύσιν Υ ‖ 11 ἐμβαλὼν N ‖ 17.18 δὲ τῆς πατρίδος Υ ‖ 19 δὲ Υ:
δὲ καὶ N ‖ 22 ἂν N: μὲν ἂν Υ

4

115 F 325), ἐπεκαλεῖτο δὲ μαχαιροποιός, ἐργαστήριον ἔχων
μέγα καὶ δούλους τεχνίτας τοὺς τοῦτο πράττοντας. ἃ 2
δ᾽ Αἰσχίνης ὁ ῥήτωρ (3, 171) εἴρηκε περὶ τῆς μητρός, ὡς
ἐκ Γύλωνός τινος ἐπ᾽ αἰτίᾳ προδοσίας φεύγοντος ἐξ ἄστε-
5 ος γεγόνοι καὶ βαρβάρου γυναικός, οὐκ ἔχομεν εἰπεῖν d
εἴτ᾽ ἀληθῶς εἴρηκεν εἴτε βλασφημῶν καὶ καταψευδόμε-
νος. ἀπολειφθεὶς δ᾽ ὁ Δημοσθένης ὑπὸ τοῦ πατρὸς ἑπτα- 3
έτης ἐν εὐπορίᾳ — μικρὸν γὰρ ἀπέλιπεν ἡ σύμπασα
τίμησις αὐτοῦ τῆς οὐσίας πεντεκαίδεκα ταλάντων — ὑπὸ
10 τῶν ἐπιτρόπων ἠδικήθη, τὰ μὲν νοσφισαμένων, τὰ δ᾽
ἀμελησάντων, ὥστε καὶ τῶν διδασκάλων αὐτοῦ τὸν μισθὸν
ἀποστερῆσαι. διά τε δὴ ταῦτα τῶν ἐμμελῶν καὶ προση- 4
κόντων ἐλευθέρῳ παιδὶ μαθημάτων ἀπαίδευτος δοκεῖ
14 γενέσθαι, καὶ διὰ τὴν τοῦ σώματος ἀσθένειαν καὶ θρύ-
212 S ψιν, οὐ προϊεμένης τοῖς πόνοις τῆς μητρὸς αὐτὸν οὐδὲ
321 L προσβιαζομένων τῶν παιδαγωγῶν. ἦν γὰρ ἐξ ἀρχῆς κάτισ- 5 e
χνος καὶ νοσώδης, διὸ καὶ τὴν λοιδορουμένην ἐπωνυμίαν,
τὸν Βάταλον, εἰς τὸ σῶμα λέγεται σκωπτόμενος ὑπὸ τῶν
παίδων λαβεῖν. ἦν δ᾽ ὁ Βάταλος, ὡς μὲν ἔνιοί φασιν, αὐλη- 6
20 τὴς τῶν κατεαγότων, καὶ δραμάτιον εἰς τοῦτο κωμῳδῶν
αὐτὸν Ἀντιφάνης (fr. 57 CAF II 35) πεποίηκεν. ἕτεροι δέ τι-
νες ὡς ποιητοῦ τρυφερὰ καὶ παροίνια γράφοντος τοῦ
Βατάλου μέμνηνται. δοκεῖ δὲ καὶ τῶν οὐκ εὐπρεπῶν τι 7
λεχθῆναι τοῦ σώματος μορίων παρὰ τοῖς Ἀττικοῖς τότε
25 καλεῖσθαι βάταλος. ὁ δ᾽ Ἀργᾶς — καὶ τοῦτο γάρ φασι 8
τῷ Δημοσθένει γενέσθαι παρωνύμιον — ἢ πρὸς τὸν τρό-
πον ὡς θηριώδη καὶ πικρὸν ἐτέθη· τὸν γὰρ ὄφιν ἔνιοι τῶν f
ποιητῶν ἀργᾶν ὀνομάζουσιν· ἢ πρὸς τὸν λόγον, ὡς ἀνιῶν-
τα τοὺς ἀκροωμένους· καὶ γὰρ Ἀργᾶς τοὔνομα ποιητὴς

3 mor. 844a Demosth. 28, 3 ‖ 7 Demosth. 27, 46. Phot. bibl.
492b 22) ‖ 17 mor. 847e Demosth. 18, 180 Aeschin. 1, 126. 131
181. 2, 99 ‖ 25 Aeschin. 2. 99

[(N U ⸗)N (A B C E ⸗) Υ] 4 φυγόντος: em. Sint. ‖ 8 σύμπασα
ἡ N ‖ 12 ταῦτα N: τοῦτο Υ ‖ 16 κάτισχνος Υ: ἁπαλὸς N ‖ 21 ἕτε-
ροι N: ἔνιοι Υ ‖ 25 γάρ om. N ‖ 26 παρωνύμιον U: παρώνυμον Υ
παρωνύμενον N | ἢ Υ: ὃ ἢ N

ἦν νόμων πονηρῶν καὶ ἀργαλέων. καὶ ταῦτα μὲν ταύτῃ
[κατὰ Πλάτωνα].

5. Τῆς δὲ πρὸς τοὺς λόγους ὁρμῆς ἀρχὴν αὐτῷ φασι
τοιαύτην γενέσθαι. Καλλιστράτου τοῦ ῥήτορος ἀγωνί-
848 ζεσθαι τὴν περὶ Ὠρωποῦ κρίσιν ἐν τῷ δικαστηρίῳ μέλ- 5
a. 366 λοντος, ἦν προσδοκία τῆς δίκης μεγάλη διά τε τὴν τοῦ
ῥήτορος δύναμιν, ἀνθοῦντος τότε μάλιστα τῇ δόξῃ, καὶ
2 διὰ τὴν πρᾶξιν οὖσαν περιβόητον. ἀκούσας οὖν ὁ Δημο-
σθένης τῶν διδασκάλων καὶ τῶν παιδαγωγῶν συντιθε-
μένων τῇ δίκῃ παρατυχεῖν, ἔπεισε τὸν ἑαυτοῦ παιδαγω- 10
γὸν δεόμενος καὶ προθυμούμενος, ὅπως αὐτὸν ἀγάγοι πρὸς
3 τὴν ἀκρόασιν. ὁ δ᾽ ἔχων πρὸς τοὺς ἀνοίγοντας τὰ δικα- 322 L
στήρια δημοσίους συνήθειαν, εὐπόρησε χώρας ἐν ᾗ κα-
4 θήμενος ὁ παῖς ἀδήλως ἀκροάσεται τῶν λεγόντων. εὐη-
b μερήσαντος δὲ τοῦ Καλλιστράτου καὶ θαυμασθέντος 15
ὑπερφυῶς, ἐκείνου μὲν ἐζήλωσε τὴν δόξαν, ὁρῶν προ-
πεμπόμενον ὑπὸ πολλῶν καὶ μακαριζόμενον, τοῦ δὲ λό- 213 S
γου μᾶλλον ἐθαύμασε καὶ κατενόησε τὴν ἰσχὺν ὡς πάντα
5 χειροῦσθαι καὶ τιθασεύειν πεφυκότος. ὅθεν ἐάσας τὰ λοιπὰ
μαθήματα καὶ τὰς παιδικὰς διατριβάς, αὐτὸς αὑτὸν ἤσκει 20
καὶ διεπόνει ταῖς μελέταις, ὡς ἂν τῶν λεγόντων ἐσόμε-
6 νος καὶ αὐτός. ἐχρήσατο δ᾽ Ἰσαίῳ πρὸς τὸν λόγον ὑφη-
γητῇ, καίπερ Ἰσοκράτους τότε σχολάζοντος, εἴθ᾽ ὡς
τινες λέγουσι τὸν ὡρισμένον μισθὸν Ἰσοκράτει τελέσαι
μὴ δυνάμενος τὰς δέκα μνᾶς διὰ τὴν ὀρφανίαν, εἴτε μᾶλ- 25
λον τοῦ Ἰσαίου τὸν λόγον ὡς δραστήριον καὶ πανοῦργον εἰς
c 7 τὴν χρείαν ἀποδεχόμενος. Ἕρμιππος (FGH III 49) δέ φη-
σιν ἀδεσπότοις ὑπομνήμασιν ἐντυχεῖν, ἐν οἷς ἐγέγραπτο
τὸν Δημοσθένη συνεσχολακέναι Πλάτωνι καὶ πλεῖστον

4 mor. 844 b Gell. 3, 13 ‖ **22** sq. cf. mor. 837 d. 844 b sq. Diog.
Laert. 3, 46 Phot. bibl. 492 b 25

[(**NU** =)**N**(**ABCE** =)**Υ**] **2** κατὰ Πλάτωνα del. Wytt. ‖ **11** ἀγά-
γη U ‖ **14** ἀκούσεται Υ | λεγομένων Υ ‖ **17** ὑπὸ τῶν Υ ‖ **18** ὡς
om. Υ ‖ **19** τιθασσεύεινN ‖ **21** ἄν] δὴ Naber ‖ **26** εἰς N: ἐπὶ Υ ‖
27 φησιν Υ: φησιν ὁ ποιητὴς N ‖ **29** δημοσθένην Υ | τῷ πλά-
τωνι N

εἰς τοὺς λόγους ὠφελῆσθαι, Κτησιβίου δὲ μέμνηται λέ-
γοντος παρὰ Καλλίου τοῦ Συρακουσίου καί τινων ἄλλων
τὰς Ἰσοκράτους τέχνας καὶ τὰς Ἀλκιδάμαντος κρύφα
λαβόντα τὸν Δημοσθένη καταμαθεῖν.

5   **6.** Ὡς δ᾽ οὖν ἐν ἡλικίᾳ γενόμενος τοῖς ἐπιτρόποις ἤρξα- a. 364/3
το δικάζεσθαι καὶ λογογραφεῖν ἐπ᾽ αὐτούς, πολλὰς διαδύ-
323 L σεις καὶ παλινδικίας εὑρίσκοντας, ἐγγυμνασάμενος κατὰ
τὸν Θουκυδίδην (1, 18, 3) ταῖς μελέταις οὐκ ἀκινδύ-
νως οὐδ᾽ ἀργῶς, κατευτυχήσας ἐκπρᾶξαι μὲν οὐδὲ πολ-
10 λοστὸν ἠδυνήθη μέρος τῶν πατρῴων, τόλμαν δὲ πρὸς d
τὸ λέγειν καὶ συνήθειαν ἱκανὴν λαβών, καὶ γευσάμενος
τῆς περὶ τοὺς ἀγῶνας φιλοτιμίας καὶ δυνάμεως, ἐνεχεί-
ρησεν εἰς μέσον παριέναι καὶ τὰ κοινὰ πράττειν, καὶ κα- 2
θάπερ Λαομέδοντα τὸν Ὀρχομένιον λέγουσι καχεξίαν τινὰ
15 σπληνὸς ἀμυνόμενον δρόμοις μακροῖς χρῆσθαι τῶν ἰα-
τρῶν κελευσάντων, εἶθ᾽ οὕτως διαπονήσαντα τὴν ἕξιν
ἐπιθέσθαι τοῖς στεφανίταις ἀγῶσι καὶ τῶν ἄκρων γενέ-
σθαι δολιχοδρόμων, οὕτως τῷ Δημοσθένει συνέβη τὸ
πρῶτον ἐπανορθώσεως ἕνεκα τῶν ἰδίων ἀποδύντι πρὸς
20 τὸ λέγειν, ἐκ δὲ τούτου κτησαμένῳ δεινότητα καὶ δύ-
214 S ναμιν, ἐν τοῖς πολιτικοῖς ἤδη καθάπερ στεφανίταις ἀγῶσι e
πρωτεύειν τῶν ἀπὸ τοῦ βήματος ἀγωνιζομένων πολιτῶν.
καίτοι τό γε πρῶτον ἐντυγχάνων τῷ δήμῳ θορύβοις περι- 3
έπιπτε καὶ κατεγελᾶτο δι᾽ ἀήθειαν, τοῦ λόγου συγκε-
25 χύσθαι ταῖς περιόδοις καὶ βεβασανίσθαι τοῖς ἐνθυμήμασι
πικρῶς ἄγαν καὶ κατακόρως δοκοῦντος. ἦν δέ τις ὡς 4
ἔοικε καὶ φωνῆς ἀσθένεια καὶ γλώττης ἀσάφεια καὶ
πνεύματος κολοβότης, ἐπιταράττουσα τὸν νοῦν τῶν λεγο-

cap. 6 mor. 844 c sq. Phot. bibl. 492 b 30 ‖ 26 mor. 845 a Phot.
bibl. 493 b 1 Zosim. p. 148 R.

[(NU =)N (ABCE =)Υ] 2. 3 ἄλλων καὶ τὰς N ‖ 4 δημοσθένην
Υ ‖ 5 δ᾽ οὖν N: γοῦν Υ ‖ 6 διαλύσεις N ‖ 12 ἐπεχείρησεν Υ ‖
18. 19 τοῦ δημοσθένους τὸ πρῶτον συνέβη N ‖ 20 δὲ om. Υ ‖
25 βεβύσθαι Naber βεβαρύνθαι Ha. ‖ 26 ἄγαν πικρῶς N (πυκνῶς
Br. ψυχρῶς Wytt., sed cf. mor. 802 e)

5 μένων τῷ διασπᾶσθαι τὰς περιόδους. τέλος δ' ἀποστάντα
τοῦ δήμου καὶ ῥεμβόμενον ἐν Πειραιεῖ δι' ἀθυμίαν Εὔνο-
f μος ὁ Θριάσιος ἤδη πάνυ γέρων θεασάμενος ἐπετίμησεν,
ὅτι τὸν λόγον ἔχων ὁμοιότατον τῷ Περικλέους, προδίδω-
σιν ὑπ' ἀτολμίας καὶ μαλακίας ἑαυτόν, οὔτε τοὺς ὄχλους 5
ὑφιστάμενος εὐθαρσῶς, οὔτε τὸ σῶμα πρὸς τοὺς ἀγῶνας 324 L
ἐξαρτυόμενος, ἀλλὰ τρυφῇ περιορῶν μαραινόμενον.

7. Πάλιν δέ ποτέ φασιν ἐκπεσόντος αὐτοῦ καὶ ἀπιόντος
849 οἴκαδε συγκεχυμένου καὶ βαρέως φέροντος, ἐπακολου-
θῆσαι Σάτυρον τὸν ὑποκριτὴν ἐπιτήδειον ὄντα καὶ συν- 10
2 εισελθεῖν. ὀδυρομένου δὲ τοῦ Δημοσθένους πρὸς αὐτόν,
ὅτι πάντων φιλοπονώτατος ὢν τῶν λεγόντων καὶ μικροῦ
δέων καταναλωκέναι τὴν τοῦ σώματος ἀκμὴν εἰς τοῦτο,
χάριν οὐκ ἔχει πρὸς τὸν δῆμον, ἀλλὰ κραιπαλῶντες ἄν-
θρωποι ναῦται καὶ ἀμαθεῖς ἀκούονται καὶ κατέχουσι τὸ 15
3 βῆμα, παρορᾶται δ' αὐτός, „ἀληθῆ λέγεις ὦ Δημόσθε-
νες" φάναι τὸν Σάτυρον, „ἀλλ' ἐγὼ τὸ αἴτιον ἰάσομαι
b ταχέως, ἄν μοι τῶν Εὐριπίδου τινὰ ῥήσεων ἢ Σοφο-
4 κλέους ἐθελήσῃς εἰπεῖν ἀπὸ στόματος." εἰπόντος δὲ τοῦ
Δημοσθένους, μεταλαβόντα τὸν Σάτυρον οὕτω πλάσαι 20
καὶ διεξελθεῖν ἐν ἤθει πρέποντι καὶ διαθέσει τὴν αὐτὴν
ῥῆσιν, ὥστ' εὐθὺς ὅλως ἑτέραν τῷ Δημοσθένει φανῆναι.
5 πεισθέντα δ' ὅσον ἐκ τῆς ὑποκρίσεως τῷ λόγῳ κόσμου καὶ 215 S
χάριτος πρόσεστι, μικρὸν ἡγήσασθαι καὶ τὸ μηδὲν εἶναι
τὴν ἄσκησιν ἀμελοῦντι τῆς προφορᾶς καὶ διαθέσεως τῶν 25
6 λεγομένων. ἐκ δὲ τούτου κατάγειον μὲν οἰκοδομῆσαι με-
λετητήριον, ὃ δὴ διεσῴζετο καὶ καθ' ἡμᾶς, ἐνταῦθα δὲ
πάντως μὲν ἑκάστης ἡμέρας κατιόντα πλάττειν τὴν ὑπό-
κρισιν καὶ διαπονεῖν τὴν φωνήν, πολλάκις δὲ καὶ μῆνας

8 cf. mor. 845 a ‖ 26 mor. 844 d

[(NU =)N (ABCE =)Υ] 1 διεσπάσθαι N ‖ 2 πειραεῖ N ‖
7 ἐπαρτυόμενος N ‖ 8 ποτέ om. N ‖ 9 οἴκαδε om. N | συγκεκα-
λυμμένου Υ | ὑπακολουθῆσαι Υ ‖ 10 συνελθεῖν Υ ‖ 22 εὐθὺς om.
Υ ‖ 26 δὲ om. Υ | μελετήριον NU¹, cf. p. 287, 7 ‖ 27 διεσῴζετο
καὶ Υ: διεσώθη N ‖ 28 προσιόντα A

ἑξῆς δύο καὶ τρεῖς συνάπτειν, ξυρούμενον τῆς κεφαλῆς c
θάτερον μέρος ὑπὲρ τοῦ μηδὲ βουλομένῳ πάνυ προελθεῖν
ἐνδέχεσθαι δι᾽ αἰσχύνην.

325 L   **8.** Οὐ μὴν ἀλλὰ καὶ τὰς πρὸς τοὺς ἐκτὸς ἐντεύξεις καὶ
5 λόγους καὶ ἀσχολίας ὑποθέσεις ἐποιεῖτο καὶ ἀφορμὰς
τοῦ φιλοπονεῖν. ἀπαλλαγεὶς γὰρ αὐτῶν τάχιστα κατέ-
βαινεν εἰς τὸ μελετητήριον, καὶ διεξῄει τάς τε πράξεις
ἐφεξῆς καὶ τοὺς ὑπὲρ αὐτῶν ἀπολογισμούς. ἔτι δὲ τοὺς 2
λόγους οἷς παρέτυχε λεγομένοις ἀναλαμβάνων πρὸς
10 ἑαυτὸν εἰς γνώμας ἀνῆγε καὶ περιόδους, ἐπανορθώσεις
τε παντοδαπὰς καὶ μεταφράσεις ἐκαινοτόμει τῶν εἰρημέ-
νων ὑφ᾽ ἑτέρου πρὸς ἑαυτὸν ἢ ὑφ᾽ ἑαυτοῦ πάλιν πρὸς ἄλλον.
ἐκ δὲ τούτου δόξαν ἔσχεν ὡς οὐκ εὐφυὴς ὤν, ἀλλ᾽ ἐκ πό- 3 d
νου συγκειμένῃ δεινότητι καὶ δυνάμει χρώμενος, ἐδόκει
15 τε τούτου σημεῖον εἶναι μέγα καὶ τὸ μὴ ῥᾳδίως ἀκοῦσαί
τινα Δημοσθένους ἐπὶ καιροῦ λέγοντος, ἀλλὰ καὶ καθή-
μενον ἐν ἐκκλησίᾳ πολλάκις τοῦ δήμου καλοῦντος ὀνο-
μαστὶ μὴ παρελθεῖν, εἰ μὴ τύχοι πεφροντικὼς καὶ παρε-
σκευασμένος. εἰς τοῦτο δ᾽ ἄλλοι τε πολλοὶ τῶν δημαγω- 4
20 γῶν ἐχλεύαζον αὐτόν, καὶ Πυθέας ἐπισκώπτων ἐλλυ-
χνίων ἔφησεν ὄζειν αὐτοῦ τὰ ἐνθυμήματα. τοῦτον μὲν
οὖν ἠμείψατο πικρῶς ὁ Δημοσθένης· „οὐ ταὐτά“ γὰρ 5
εἶπεν „ἐμοὶ καὶ σοὶ ὁ λύχνος ὦ Πυθέα σύνοιδε.“ πρὸς
δὲ τοὺς ἄλλους οὐ παντάπασιν ἦν ἔξαρνος, ἀλλ᾽ οὔτε e
25 γράψας οὔτ᾽ ἄγραφα κομιδῇ λέγειν ὡμολόγει, καὶ μέντοι 6
216 S δημοτικὸν ἀπέφαινεν ἄνδρα τὸν λέγειν μελετῶντα· θερα-
πείας γὰρ εἶναι τοῦ[το] δήμου ⟨τὴν⟩ παρασκευήν, τὸ
δ᾽ ὅπως ἕξουσιν οἱ πολλοὶ πρὸς τὸν λόγον ἀφροντιστεῖν
ὀλιγαρχικοῦ καὶ βίᾳ μᾶλλον ἢ πειθοῖ προσέχοντος. τῆς 7

8 mor. 40 de ‖ **20** Plut. Cic. 50, 4 ‖ **26** mor. 848 c

[(N*U* ⸗)N(ABCE ⸗)Υ] **7** *μελετήριον* N ‖ **9** *πρὸς* N: *εἰς* Υ ‖
12 *αὐτοῦ* Υ *U* | *πάλιν* om. N ‖ **13** *δὲ* om. Υ | *εἶχεν* Υ ‖ **15** *τε*
Υ *δὲ* N | *καὶ* om. Υ ‖ **16** *καὶ* om. N ‖ **20** *πυθέως* N *πυθέας,* sed
a in ras., *U* ‖ **23** *ὁ λύχνος* post *πυθέα* hab. Υ | *ὦ* Υ et e ras. N:
ὡς *U* et ante ras. N ‖ **27** *τοῦτο* : em. Rei. | *τὴν* add. Rei., qui et
θεραπείαν

δὲ πρὸς καιρὸν ἀτολμίας αὐτοῦ καὶ τοῦτο ποιοῦνται ση- 326 L
μεῖον, ὅτι Δημάδης μὲν ἐκείνῳ θορυβηθέντι. πολλάκις
ἀναστὰς ἐκ προχείρου συνεῖπεν, ἐκεῖνος δ' οὐδέποτε
Δημάδῃ.

9. Πόθεν οὖν, φαίη τις ἄν, ὁ Αἰσχίνης (3, 152) πρὸς 5
τὴν ἐν τοῖς λόγοις τόλμαν θαυμασιώτατον ἀπεκάλει τὸν
f ἄνδρα; πῶς δὲ Πύθωνι τῷ Βυζαντίῳ, θρασυνομένῳ καὶ
ῥέοντι πολλῷ κατὰ τῶν Ἀθηναίων, ἀναστὰς μόνος ἀντ-
εῖπεν, ἢ Λαμάχου τοῦ Σμυρναίου γεγραφότος ἐγκώμιον
Ἀλεξάνδρου καὶ Φιλίππου τῶν βασιλέων, ἐν ᾧ πολλὰ 10
Θηβαίους καὶ Ὀλυνθίους εἰρήκει κακῶς, καὶ τοῦτ' ἀνα-
850 γινώσκοντος Ὀλυμπίασι, παραναστὰς καὶ διεξελθὼν μεθ'
ἱστορίας καὶ ἀποδείξεως, ὅσα Θηβαίοις καὶ Χαλκιδεῦσιν
ὑπάρχει καλὰ πρὸς τὴν Ἑλλάδα, καὶ πάλιν ὅσων αἴτιοι
γεγόνασι κακῶν οἱ κολακεύοντες Μακεδόνας, οὕτως ἐπέ- 15
στρεψε τοὺς παρόντας, ὥστε δείσαντα τῷ θορύβῳ τὸν
2 σοφιστὴν ὑπεκδῦναι τῆς πανηγύρεως; ἀλλ' ἔοικεν ὁ ἀνὴρ
τοῦ Περικλέους τὰ μὲν ἄλλα μὴ πρὸς αὐτὸν ἡγήσασθαι,
τὸ δὲ πλάσμα καὶ τὸν σχηματισμὸν αὐτοῦ καὶ τὸ μὴ τα-
χέως μηδὲ περὶ παντὸς ἐκ τοῦ παρισταμένου λέγειν, 20
ὥσπερ ἐκ τούτων μεγάλου γεγονότος, ζηλῶν καὶ μιμού-
μενος, οὐ πάνυ προσίεσθαι τὴν ἐν τῷ καιρῷ δόξαν, οὐδ'
b ἐπὶ τῇ τύχῃ πολλάκις ἑκὼν εἶναι ποιεῖσθαι τὴν δύναμιν.
3 ἐπεὶ τόλμαν γε καὶ θάρσος οἱ λεχθέντες ὑπ' αὐτοῦ λόγοι
τῶν γραφέντων μᾶλλον εἶχον, εἴ τι δεῖ πιστεύειν Ἐρατο- 25
σθένει καὶ Δημητρίῳ τῷ Φαληρεῖ καὶ τοῖς κωμι- 327 L
4 κοῖς. ὧν Ἐρατοσθένης (FGrH 241 F 32) μέν φησιν αὐτὸν
ἐν τοῖς λόγοις πολλαχοῦ γεγονέναι παράβακχον, ὁ δὲ
Φαληρεὺς (FGrH 228 F 16) τὸν ἔμμετρον ἐκεῖνον ὅρκον

1 mor. 80d ‖ 7 mor. 845c Demosth. 18, 136

[(**NU** =)**N** (**A B C E** =) Υ] 6 τοῖς om. **N**, cf. Aeschin. v. l. | ἀπο-
καλεῖ **N** ‖ 7 δὲ Υ: δὲ καὶ **N** ‖ 8 πολλοῦ **N** ‖ 9 σμυρναίου **N**: μυρρη-
ναίου Υ τερειναίου mor. ‖ 11 τοῦτ' om. Υ ‖ 12 παραναστὰς **N** mor.:
παραστὰς Υ ‖ 18 ἄλλα καλὰ **N** ‖ 20 προιισταμένου **N̄** ‖ 22 προίεσθαι:
em. Lambinus ‖ 23 τῇ om. Υ

10

ὀμόσαι ποτὲ πρὸς τὸν δῆμον ὥσπερ ἐνθουσιῶντα (CAF II 128. 466)

217 S   μὰ γῆν, μὰ κρήνας, μὰ ποταμούς, μὰ νάματα.

τῶν δὲ κωμικῶν ὁ μέν τις αὐτὸν ἀποκαλεῖ ῥωποπερπε- 5
ρήθραν, ὁ δὲ παρασκώπτων ὡς χρώμενον τῷ ἀντιθέτῳ
φησὶν οὕτως (Antiphan. fr. 169 CAF II 80)·

     ἀπέλαβεν ὥσπερ ἔλαβεν. ⟨Β.⟩ ἠγάπησεν ἂν
     τὸ ῥῆμα τοῦτο παραλαβὼν Δημοσθένης.   c

ἐκτὸς εἰ μὴ νὴ Δία πρὸς τὸν ὑπὲρ Ἀλοννήσου λόγον ὁ 6
Ἀντιφάνης καὶ τουτὶ πέπαιχεν, ἣν Ἀθηναίοις Δημοσθέ-
νης (7, 5) συνεβούλευε μὴ λαμβάνειν, ἀλλ᾽ ἀπολαμβάνειν
παρὰ Φιλίππου, περὶ συλλαβῶν διαφερόμενος.

10. Πλὴν τόν γε Δημάδην πάντες ὡμολόγουν τῇ φύσει
χρώμενον ἀνίκητον εἶναι καὶ παραφέρειν αὐτοσχεδιάζοντα
τὰς τοῦ Δημοσθένους σκέψεις καὶ παρασκευάς. Ἀρίστων 2
δ᾽ ὁ Χῖος (I p. 87 n. 381 Arn.) καὶ Θεοφράστου (fr.144W.)
τινὰ δόξαν ἱστόρηκε περὶ τῶν ῥητόρων· ἐρωτηθέντα γὰρ
ὁποῖός τις αὐτῷ φαίνεται ῥήτωρ ὁ Δημοσθένης, εἰπεῖν·
„ἄξιος τῆς πόλεως“· ὁποῖος δέ τις ὁ Δημάδης· „ὑπὲρ
τὴν πόλιν.“ ὁ δ᾽ αὐτὸς φιλόσοφος Πολύευκτον ἱστορεῖ τὸν 3 d
Σφήττιον, ἕνα τῶν τότε πολιτευομένων Ἀθήνησιν, ἀποφαί-
328 L νεσθαι, μέγιστον μὲν εἶναι ῥήτορα Δημοσθένην, δυνατώτατον
δ᾽ εἰπεῖν Φωκίωνα· πλεῖστον γὰρ ἐν βραχυτάτῃ λέξει νοῦν
ἐκφέρειν. καὶ μέντοι καὶ τὸν Δημοσθένην φασὶν αὐτόν, 4

3 mor. 845 b schol. Aristoph. av. 194 ‖ 11 Aeschin. 3, 83 ‖
20 Plut. Phoc. 5, 4. 5 mor. 803 e ‖ 24 Plut. Phoc. 5, 9sq. mor.
803 e Stob. 3, 37, 33

[N(*U* =)N (ABC E =)Υ] 1 ὡμοσέ .ποτε N ‖ 4 ῥωτοπερπερή-
θραν N ‖ 7 ἀπέβαλεν N | ἠγάπησεν ἂν Cor. ex Athen. 6, 223e:
ἠγάπησε γὰρ ‖ 9 ἐκτὸς del. Herw. | ἀλονήσου N ‖ 12 περὶ συλλα-
βῶν διαφερόμενος Aeschin. 3, 83: π. συλλ. διαλεγόμενος NAᵐ,
om. Υ ‖ 14 αὐτὸν σχεδιάζοντα: em. Br. ‖ 19 τις ὁ om. Υ ‖ 20 πό-
λιν ἔφη N | φιλόσοφος Υ: θεόφραστος N ‖ 22 μέγ.] ἄριστος Phoc. |
δημοσθένην Υ mor. Phoc.: τὸν δημ. N | δεινόνατον Cor. cl. Phoc.
mor. ‖ 23 φωκ. Υ mor.: ιὸν φωκ. N (ὁ φ. Phoc.)

11

ὁσάκις ἀντερῶν αὐτῷ Φωκίων ἀναβαίνοι, λέγειν πρὸς
τοὺς συνήθεις· „ἡ τῶν ἐμῶν λόγων κοπὶς ἀνίσταται."
τοῦτο μὲν οὖν ἄδηλον εἴτε πρὸς τὸν λόγον τοῦ ἀνδρὸς ὁ
Δημοσθένης εἴτε πρὸς τὸν βίον καὶ τὴν δόξαν ἐπεπόνθει,
πολλῶν πάνυ καὶ μακρῶν περιόδων ἓν ῥῆμα καὶ νεῦμα
πίστιν ἔχοντος ἀνθρώπου κυριώτερον ἡγούμενος.

11. Τοῖς δὲ σωματικοῖς ἐλαττώμασι τοιαύτην ἐπῆγεν
ἄσκησιν, ὡς ὁ Φαληρεὺς Δημήτριος (FGrH 228 F 17) ἱστορεῖ,
λέγων αὐτοῦ Δημοσθένους ἀκοῦσαι πρεσβύτου γεγονότος·
τὴν μὲν γὰρ ἀσάφειαν καὶ τραυλότητα τῆς γλώττης ἐκβιά-
ζεσθαι καὶ διαρθροῦν εἰς τὸ στόμα ψήφους λαμβάνοντα
καὶ ῥήσεις ἅμα λέγοντα, τὴν δὲ φωνὴν γυμνάζειν ἐν τοῖς
δρόμοις καὶ ταῖς πρὸς τὰ σίμ᾽ ἀναβάσεσι διαλεγόμενον καὶ
λόγους τινὰς ἢ στίχους ἅμα τῷ πνεύματι πυκνουμένῳ προ-
φερόμενον· εἶναι δ᾽ αὐτῷ μέγα κάτοπτρον οἴκοι, καὶ πρὸς
τοῦτο τὰς μελέτας ἱστάμενον ἐξ ἐναντίας περαίνειν. λέγε-
ται δ᾽ ἀνθρώπου προσελθόντος αὐτῷ δεομένου συνηγορίας
καὶ διεξιόντος ὡς ὑπό του λάβοι πληγάς, „ἀλλὰ σύ γε",
φάναι τὸν Δημοσθένην, „τούτων ὧν λέγεις οὐδὲν πέπον-
θας." ἐπιτείναντος δὲ τὴν φωνὴν τοῦ ἀνθρώπου καὶ βοῶντος
„ἐγὼ Δημόσθενες οὐδὲν πέπονθα;" „νὴ Δία" φάναι, „νῦν
ἀκούω φωνὴν ἀδικουμένου καὶ πεπονθότος." οὕτως ᾤετο
μέγα πρὸς πίστιν εἶναι τὸν τόνον καὶ τὴν ὑπόκρισιν τῶν
λεγόντων. τοῖς μὲν οὖν πολλοῖς ὑποκρινόμενος ἤρεσκε
θαυμαστῶς, οἱ δὲ χαρίεντες ταπεινὸν ἡγοῦντο καὶ ἀγεννὲς
αὐτοῦ τὸ πλάσμα καὶ μαλακόν, ὧν καὶ Δημήτριος ὁ Φαλη-
ρεύς (FGrH 228 F 18) ἐστιν. Αἰσίωνα δέ φησιν Ἕρμιππος
(FHG III 50) ἐπερωτηθέντα περὶ τῶν πάλαι ῥητόρων καὶ
τῶν καθ᾽ αὑτὸν εἰπεῖν, ὡς ἀκούων μὲν ἄν τις ἐθαύμασεν
ἐκείνους εὐκόσμως καὶ μεγαλοπρεπῶς τῷ δήμῳ διαλεγο-

15 mor. 844 e

[(NU =)N (ABC E =)Υ] 1 ἂν ἀντερῶν Υ ‖ 7 ἐπήγαγεν N ‖
9 ἀκούειν Υ ‖ 10 γὰρ om. Υ ‖ 12. 13 γυμνάζειν ἐν τοῖς δρόμοις N:
ἐν τοῖς δρόμοις γυμνάζεσθαι Υ ‖ 13 πρὸς τὰ σιμὰ Υ: πρὸς τάσιν U
πρὸς στάσιν N ‖ προβάσεσι Υ ‖ 16 ἐξ ἐναντίας ἱστάμενον Υ ‖
17 αὐτῷ om. Υ ‖ 27 αἰσίωνα BCE: ἀππίωνα NA, cf. Suda 922 c ‖
28 ἐρωτηθέντα Υ

μένους, ἀναγινωσκόμενοι δ᾽ οἱ Δημοσθένους λόγοι πολὺ
τῇ κατασκευῇ καὶ δυνάμει διαφέρουσιν. οἱ μὲν οὖν γεγραμ- 5
μένοι τῶν λόγων ὅτι τὸ αὐστηρὸν πολὺ καὶ πικρὸν ἔχουσι,
τί ἂν λέγοι τις; ἐν δὲ ταῖς παρὰ τὸν καιρὸν ἀπαντήσεσιν
5 ἐχρῆτο καὶ τῷ γελοίῳ. Δημάδου (fr. 54 de F.) μὲν γὰρ b
εἰπόντος „ἐμὲ Δημοσθένης; ἢ ὗς τὴν Ἀθηνᾶν", „αὕτη"
εἶπεν „ἡ Ἀθηνᾶ πρώην ἐν Κολλυτῷ μοιχεύουσα ἐλήφθη."
πρὸς δὲ τὸν κλέπτην ὃς ἐπεκαλεῖτο Χαλκοῦς καὶ αὐτὸν 6
εἰς τὰς ἀγρυπνίας αὐτοῦ καὶ νυκτογραφίας πειρώμενόν τι
219 8 λέγειν· „οἶδα" εἶπεν „ὅτι σε λυπῶ λύχνον καίων. ὑμεῖς δ᾽
11 ὦ ἄνδρες Ἀθηναῖοι μὴ θαυμάζετε τὰς γινομένας κλοπάς,
ὅταν τοὺς μὲν κλέπτας χαλκοῦς, τοὺς δὲ τοίχους πηλίνους
ἔχωμεν." ἀλλὰ περὶ μὲν τούτων καὶ ἑτέρων γελοίων καί- 7
περ ἔτι πλείω λέγειν ἔχοντες, ἐνταῦθα παυσόμεθα· τὸν
15 δ᾽ ἄλλον αὐτοῦ τρόπον καὶ τὸ ἦθος ἀπὸ τῶν πράξεων καὶ c
τῆς πολιτείας θεωρεῖσθαι δίκαιόν ἐστιν.

330 L   **12.** Ὥρμησε μὲν οὖν ἐπὶ τὸ πράττειν τὰ κοινὰ τοῦ
Φωκικοῦ πολέμου συνεστῶτος, ὡς αὐτός τέ φησι (18, 18)
καὶ λαβεῖν ἔστιν ἀπὸ τῶν Φιλιππικῶν δημηγοριῶν. αἱ μὲν 2
20 γὰρ ἤδη διαπεπραγμένων ἐκείνων γεγόνασιν, αἱ δὲ πρε-
σβύταται τῶν ἔγγιστα πραγμάτων ἅπτονται. δῆλος δ᾽ ἐστὶ 3
καὶ τὴν κατὰ Μειδίου παρασκευασάμενος εἰπεῖν δίκην
δύο μὲν ἐπὶ τοῖς τριάκοντα γεγονὼς ἔτη, μηδέπω δ᾽ ἔχων
ἰσχὺν ἐν τῇ πολιτείᾳ μηδὲ δόξαν. ὃ καὶ μάλιστά μοι δοκεῖ 4
25 δείσας ἐπ᾽ ἀργυρίῳ καταθέσθαι τὴν πρὸς τὸν ἄνθρωπον
ἔχθραν (Il. 20, 467)·

οὐ γάρ τι γλυκύθυμος ἀνὴρ ἦν οὐδ᾽ ἀγανόφρων,

ἀλλ᾽ ἔντονος καὶ βίαιος περὶ τὰς ἀμύνας. ὁρῶν δ᾽ οὐ φαῦ- 5 d
λον οὐδὲ τῆς αὐτοῦ δυνάμεως ἔργον ἄνδρα καὶ πλούτῳ

---

24 Aeschin. 3, 52 Phot. bibl. 492 b 38

[(NU =)N (ABCE =)Υ] 3 αὐστηρὸν καὶ πικρὸν πολὺ N ‖
4 ταῖς ἀπαντήσεσι ταῖς παρὰ τὸν καιρὸν Υ ‖ 7 κολυττῶ N ‖ 11 γε-
νομένας N ‖ 13 καὶ ἑτέρων γελοίων om. Υ ‖ 14 πλέω N ‖ 22 τὴν
om. N ‖ 23.24 μηδέπω ἰσχὺν ἔχων N ‖ 27 τι Υ: τοι N ‖ 28 περὶ
Υ: πρὸς N

καὶ λόγῳ καὶ φίλοις εὖ πεφραγμένον καθελεῖν τὸν Μει-
6 δίαν, ἐνέδωκε τοῖς ὑπὲρ αὐτοῦ δεομένοις. αἱ δὲ τρισχίλιαι
καθ᾽ ἑαυτὰς οὐκ ἄν μοι δοκοῦσι τὴν Δημοσθένους ἀμβλῦ-
ναι πικρίαν, ἐλπίζοντος καὶ δυναμένου περιγενέσθαι.

7   Λαβὼν δὲ τῆς πολιτείας καλὴν ὑπόθεσιν τὴν πρὸς Φίλιπ- 5
πον ὑπὲρ τῶν Ἑλλήνων δικαιολογίαν, καὶ πρὸς ταύτην ἀγω-
νιζόμενος ἀξίως, ταχὺ δόξαν ἔσχε καὶ περίβλεπτος ὑπὸ
τῶν λόγων ἤρθη καὶ τῆς παρρησίας, ὥστε θαυμάζεσθαι
e μὲν ἐν τῇ Ἑλλάδι, θεραπεύεσθαι δ᾽ ὑπὸ τοῦ μεγάλου βασι-
λέως, πλεῖστον δ᾽ αὐτοῦ λόγον εἶναι παρὰ τῷ Φιλίππῳ 10
τῶν δημαγωγούντων, ὁμολογεῖν δὲ καὶ τοὺς ἀπεχθανο-
μένους, ὅτι πρὸς ἔνδοξον αὐτοῖς ἄνθρωπον ὁ ἀγών ἐστι. 220 8
8 καὶ γὰρ Αἰσχίνης καὶ Ὑπερείδης (or. 1 col. 22, 10 Jens.)
ιτοιαῦτα περὶ αὐτοῦ κατηγοροῦντες εἰρήκασιν.   331 L

13. Ὅθεν οὐκ οἶδ᾽ ὅπως παρέστη Θεοπόμπῳ (FGrH 115 15
F 326) λέγειν, αὐτὸν ἀβέβαιον τῷ τρόπῳ γεγονέναι καὶ
μήτε πράγμασι μήτ᾽ ἀνθρώποις πολὺν χρόνον τοῖς αὐτοῖς
2 ἐπιμένειν δυνάμενον. φαίνεται γάρ, εἰς ἣν ἀπ᾽ ἀρχῆς τῶν
πραγμάτων μερίδα καὶ τάξιν αὐτὸν ἐν τῇ πολιτείᾳ κατέ-
στησε, ταύτην ἄχρι τέλους διαφυλάξας καὶ οὐ μόνον ἐν 20
f τῷ βίῳ μὴ μεταβαλόμενος, ἀλλὰ καὶ τὸν βίον ἐπὶ τῷ μὴ
3 μεταβαλέσθαι προέμενος. οὐ γάρ — ὡς Δημάδης ἀπολο-
γούμενος τὴν ἐν τῇ πολιτείᾳ μεταβολὴν ἔλεγεν, αὐτῷ
μὲν αὐτὸς τἀναντία πολλάκις εἰρηκέναι, τῇ δὲ πόλει μηδέ-
ποτε, καὶ Μελάνωπος ἀντιπολιτευόμενος Καλλιστράτῳ 25
καὶ πολλάκις ὑπ᾽ αὐτοῦ χρήμασι μετατιθέμενος εἰώθει
852 λέγειν πρὸς τὸν δῆμον ,,ὁ μὲν ἀνὴρ ἐχθρός, τὸ δὲ τῆς πό-
4 λεως νικάτω συμφέρον,‘‘ Νικόδημος δ᾽ ὁ Μεσσήνιος Κασ-
σάνδρῳ προστιθέμενος πρότερον, εἶτ᾽ αὖθις ὑπὲρ Δημη-
τρίου πολιτευόμενος, οὐκ ἔφη τἀναντία λέγειν, ἀεὶ γὰρ εἶναι 30

9 cf. cap. 16, 2

[(NU =)N (ABCE =)Υ] 2 ἑαυτοῦ N | δὲ] γὰρ Zie. ‖ 13 ὑπερ-
είδης N: ὑπερίδης UΥ, cf. p. 293, 16 ‖ 14 περὶ N: ὑπὲρ Υ ‖ 20 τοῦ
τέλους N ‖ 21 μεταβαλλόμενος N ‖ 22 μεταβάλλεσθαι N ‖ 23 διὰ
τὴν Υ ‖ 24 αὐτὸς N: αὐτὸν Υ ‖ 28 κασάνδρῳ Υ

14

συμφέρον ἀκροᾶσθαι τῶν κρατούντων –, οὕτω καὶ περὶ
Δημοσθένους ἔχομεν εἰπεῖν οἷον ἐκτρεπομένου καὶ πλαγι-
άζοντος ἢ φωνὴν ἢ πρᾶξιν, ἀλλ᾽ ὥσπερ ἀφ᾽ ἑνὸς καὶ ἀμετα-
βόλου διαγράμματος τῆς πολιτείας ἕνα τόνον ἔχων ἐν τοῖς
5 πράγμασιν ἀεὶ διετέλεσε. Παναίτιος δ᾽ ὁ φιλόσοφος (fr. 94 5
v. Str.) καὶ τῶν λόγων αὐτοῦ φησιν οὕτω γεγράφθαι τοὺς
πλείστους, ὡς μόνου τοῦ καλοῦ δι᾽ αὐτὸ αἱρετοῦ ὄντος, b
τὸν περὶ τοῦ στεφάνου, τὸν κατ᾽ Ἀριστοκράτους, τὸν ὑπὲρ
τῶν ἀτελειῶν, τοὺς Φιλιππικούς· ἐν οἷς πᾶσιν οὐ πρὸς 6
332 L τὸ ἥδιστον ἢ ῥᾷστον ἢ λυσιτελέστατον ἄγει τοὺς πολίτας,
11 ἀλλὰ πολλαχοῦ τὴν ἀσφάλειαν καὶ τὴν σωτηρίαν οἴεται
δεῖν ἐν δευτέρᾳ τάξει τοῦ καλοῦ ποιεῖσθαι καὶ τοῦ πρέ-
221 8 ποντος, ὡς εἴγε τῇ περὶ τὰς ὑποθέσεις αὐτοῦ φιλοτιμίᾳ
καὶ τῇ τῶν λόγων εὐγενείᾳ παρῆν ἀνδρεία τε πολεμιστή-
15 ριος καὶ τὸ καθαρῶς ἕκαστα πράττειν, οὐκ ἐν τῷ κατὰ
Μοιροκλέα καὶ Πολύευκτον καὶ Ὑπερείδην ἀριθμῷ τῶν
ῥητόρων, ἀλλ᾽ ἄνω μετὰ Κίμωνος καὶ Θουκυδίδου καὶ
Περικλέους ἄξιος ἦν τίθεσθαι.

14. Τῶν γοῦν κατ᾽ αὐτὸν ὁ Φωκίων, οὐκ ἐπαινουμένης c
20 προϊστάμενος πολιτείας, ἀλλὰ δοκῶν μακεδονίζειν, ὅμως
δι᾽ ἀνδρείαν καὶ δικαιοσύνην οὐδὲν οὐδαμῇ χείρων ἔδο-
ξεν Ἐφιάλτου καὶ Ἀριστείδου καὶ Κίμωνος ἀνὴρ γενέσθαι.
Δημοσθένης δ᾽ οὐκ ὢν ἐν τοῖς ὅπλοις ἀξιόπιστος, ὥς 2
φησιν ὁ Δημήτριος (FGrH 228 F 19), οὐδὲ πρὸς τὸ λαμβά-
25 νειν παντάπασιν ἀπωχυρωμένος, ἀλλὰ τῷ μὲν παρὰ Φιλίπ-
που καὶ ἐκ Μακεδονίας ἀνάλωτος ὤν, τῷ δ᾽ ἄνωθεν ἐκ
Σούσων καὶ Ἐκβατάνων ἐπιβατὸς χρυσίῳ γεγονὼς καὶ
κατακεκλυσμένος, ἐπαινέσαι μὲν ἦν ἱκανώτατος τὰ τῶν

---

3 mor. 55d ‖ **26** Aeschin. 3, 173

[(**NU** =)**N** (**A B C E** =)Υ] **2** *ἐντρεπομένου* **N** ‖ **3** *ἀφ᾽* Υ: *ἐφ᾽* **N**
(cf. mor.) | *ἀμεταβλήτου* Υ ‖ **6** *αὐτοῦ φησιν* Iunt. Ald.: *φησὶν*
αὐτοῦ **N** Υ ‖ **10** *λυσιτελέστερον* **N** ‖ **11** *τὴν*[1] Υ: *καὶ τὴν* **N** ‖ **15** *κατὰ*
Υ: *περὶ* **N** ‖ **16** *μυροκλέα* Υ, cf. p. 303, 3 | *ὑπερείδην* **N**: *ὑπερίδην*
U Υ, cf. p. 292, 13 ‖ **19** *κατ᾽ αὐτὸν* Lambinus: *μετ᾽ αὐτὸν* |
ἐπαινουμένης ⟨*μεν*⟩ Zie. ‖ **25** *τῶν μὲν* **N** ‖ **26** *ἐκ*[1] om. Υ | *τῶν* **N** ‖
27 *ἀκβατάνων* **N** ‖ **28** *ἱκανώτατος ἦν* Υ

15

3 προγόνων καλά, μιμήσασθαι δ᾽ οὐχ ὁμοίως. ἐπεὶ τούς
γε καθ᾽ αὑτὸν ῥήτορας – ἔξω δὲ λόγου τίθεμαι Φωκίωνα –
d καὶ τῷ βίῳ παρῆλθε. φαίνεται δὲ καὶ μετὰ παρρησίας
μάλιστα τῷ δήμῳ διαλεγόμενος, καὶ πρὸς τὰς ἐπιθυμίας
τῶν πολλῶν ἀντιτείνων, καὶ τοῖς ἁμαρτήμασιν αὐτῶν ἐπι- 5
4 φυόμενος, ὡς ἐκ τῶν λόγων αὐτῶν λαβεῖν ἔστιν. ἱστορεῖ
δὲ καὶ Θεόφραστος, ὅτι τῶν Ἀθηναίων ἐπί τινα προβαλλο- 333 L
μένων αὐτὸν κατηγορίαν, εἶθ᾽ ὡς οὐχ ὑπήκουε θορυβούν-
των, ἀναστὰς εἶπεν „ὑμεῖς ἐμοὶ ὦ ἄνδρες Ἀθηναῖοι συμ-
βούλῳ μέν, κἂν μὴ θέλητε, χρήσεσθε· συκοφάντῃ δ᾽ οὐδ᾽ 10
5 ἂν θέλητε." σφόδρα δ᾽ ἀριστοκρατικὸν αὐτοῦ πολίτευμα
καὶ τὸ περὶ Ἀντιφῶντος· ὃν ὑπὸ τῆς ἐκκλησίας ἀφεθέντα
e συλλαβὼν ἐπὶ τὴν ἐξ Ἀρείου πάγου βουλὴν ἀνήγαγε, καὶ
παρ᾽ οὐδὲν τὸ προσκροῦσαι τῷ δήμῳ θέμενος, ἤλεγξεν
ὑπεσχημένον Φιλίππῳ τὰ νεώρια ἐμπρήσειν, καὶ παραδο- 15
6 θεὶς ὁ ἄνθρωπος ὑπὸ τῆς βουλῆς ἀπέθανε. κατηγόρησε δὲ 222 S
καὶ τῆς ἱερείας Θεωρίδος ὡς ἄλλα τε ῥαδιουργούσης πολλὰ
καὶ τοὺς δούλους ἐξαπατᾶν διδασκούσης, καὶ θανάτου
τιμησάμενος ἀπέκτεινε.

15. Λέγεται δὲ καὶ τὸν κατὰ Τιμοθέου τοῦ στρατηγοῦ 20
λόγον, ᾧ χρησάμενος Ἀπολλόδωρος εἷλε τὸν ἄνδρα τοῦ
ὀφλήματος, Δημοσθένης γράψαι τῷ Ἀπολλοδώρῳ, καθά-
περ καὶ τοὺς πρὸς Φορμίωνα καὶ Στέφανον, ἐφ᾽ οἷς εἰκό-
2 τως ἠδόξησε. καὶ γὰρ ὁ Φορμίων ἠγωνίζετο λόγῳ Δημο-
f σθένους πρὸς τὸν Ἀπολλόδωρον, ἀτεχνῶς καθάπερ ἐξ ἑνὸς 25
μαχαιροπωλίου τὰ κατ᾽ ἀλλήλων ἐγχειρίδια πωλοῦντος
3 αὐτοῦ τοῖς ἀντιδίκοις. τῶν δὲ δημοσίων λόγων ὁ μὲν κατ᾽
Ἀνδροτίωνος καὶ κατὰ Τιμοκράτους καὶ ⟨κατ᾽⟩ Ἀριστο-

---

11 mor. 848a Demosth. 18, 132sq. Dinarch. 1, 62

[(NU =)N (ABCE =)Υ] 1 ὁμοίως Rei.: ὅμοιος ‖ 2 καταυ-
τὸν N ‖ 6 αὐτῶν om. Υ ‖ 7 θεόφραστος N: θεόπομπος Υ (cf.
FGrH 115 F 327) | προκαλουμένων Mittelhaus ‖ 8 εἶθ᾽ om. Υ |
θορυβουμένων N ‖ 11 ἐὰν N ‖ 16 κατηγορήσας N ‖ 17 Θεωρίδος
om. N ‖ 18 διδάσκουσαν N ‖ 20 τοῦ om. N ‖ 26 μαχαιροπωλείου
N ‖ 27 λόγων om. Υ ‖ 28 κατὰ om. Υ | καὶ Ἀριστοκράτους om. N|
κατ᾽ add. Zie.

16

κράτους ἑτέροις ἐγράφησαν, οὔπω τῇ πολιτείᾳ προσεληλυ-
θότος αὐτοῦ· δοκεῖ γὰρ δυεῖν ἢ τριῶν δέοντα ἔτη τριάκον- 853
τα γεγονὼς ἐξενεγκεῖν τοὺς λόγους ἐκείνους· τοῖς δὲ
κατ' Ἀριστογείτονος αὐτὸς ἠγωνίσατο, καὶ τὸν περὶ τῶν
334 L ἀτελειῶν διὰ τὸν Χαβρίου παῖδα Κτήσιππον, ὥς φησιν
6 αὐτός, ὡς δ' ἔνιοι λέγουσι, τὴν μητέρα τοῦ νεανίσκου
μνώμενος. οὐ μὴν ἔγημε ταύτην, ἀλλὰ Σαμίᾳ τινὶ συνῴ- 4
κησεν, ὡς ἱστορεῖ Δημήτριος ὁ Μάγνης ἐν τοῖς περὶ συνω-
νύμων. ὁ δὲ κατ' Αἰσχίνου ⟨περὶ⟩ τῆς παραπρεσβείας 5
10 ἄδηλον εἰ λέλεκται· καίτοι φησὶν Ἰδομενεὺς (FGrH 338 F 10)
παρὰ τριάκοντα μόνας τὸν Αἰσχίνην ἀποφυγεῖν. ἀλλ' οὐκ
ἔοικεν οὕτως ἔχειν τὸ ἀληθές, εἰ δεῖ τοῖς περὶ τοῦ στεφά-
νου γεγραμμένοις ἑκατέρῳ λόγοις τεκμαίρεσθαι. μέμνη- 6 b
ται γὰρ οὐδέτερος αὐτῶν ἐναργῶς οὐδὲ τρανῶς ἐκείνου τοῦ
15 ἀγῶνος ὡς ἄχρι δίκης προελθόντος. ταυτὶ μὲν οὖν ἕτεροι
διακρινοῦσι μᾶλλον.

16. Ἡ δὲ τοῦ Δημοσθένους πολιτεία φανερὰ μὲν ἦν ἔτι
καὶ τῆς εἰρήνης ὑπαρχούσης οὐδὲν ἐῶντος ἀνεπιτίμητον
223 S τῶν πραττομένων ὑπὸ τοῦ Μακεδόνος, ἀλλ' ἐφ' ἑκάστῳ
20 χαράττοντος τοὺς Ἀθηναίους καὶ διακαίοντος ἐπὶ τὸν
ἄνθρωπον. διὸ καὶ παρὰ Φιλίππῳ πλεῖστος ἦν λόγος 2
αὐτοῦ, καὶ ὅτε πρεσβεύων δέκατος ἧκεν εἰς Μακεδονίαν,
ἤκουσε μὲν ἁπάντων ὁ Φίλιππος, ἀντεῖπε δὲ μετὰ πλεί-
στης ἐπιμελείας πρὸς τὸν ἐκείνου λόγον. οὐ μὴν ἔν γε ταῖς 3 c
25 ἄλλαις τιμαῖς καὶ φιλοφροσύναις ὅμοιον αὐτὸν τῷ Δημο-
σθένει παρεῖχεν, ἀλλὰ καὶ προσήγετο τοὺς περὶ Αἰσχίνην
καὶ Φιλοκράτην μᾶλλον. ὅθεν ἐπαινούντων ἐκείνων τὸν 4

2 Gell. 15, 28, 6 cf. Erbse Herm. 84, 408, 2 ‖ 9 Aeschin. 2 ar-
gum. ‖ 21 cf. cap. 12, 7 ‖ 23—296, 4 Phot. bibl. 394b

[(N U =)N(ABCE =)Υ] 2 αὐτοῦ om. Υ | δνοῖν U ‖ 2.3 τριῶν
καὶ τριάκοντα γεγονὼς ἐτῶν ἔξεν. N ‖ 3 τοῖς N: τὸν Υ ‖ 9 περὶ
add. Wytt. ‖ 12 τἀληθές Υ | τοῦ U et s. s. N (m. 1): om. Υ ‖
13 ἑκατέρων : em. Sch. ‖ 15 παρελθόντος Υ ‖ 16 διακριβοῦσι N ‖
20 ταράττοντος Υ ‖ 23 ἁπάντων N Phot.: πάντων Υ | ὁ om. Υ ‖
24 ἔν γε om. Phot. ‖ 26 καὶ N Phot.: om. Υ ‖ 27 φιλοκράτην U A
Phot.: φιλοκράτη ΝΒCE

Φίλιππον, ὡς καὶ λέγειν δυνατώτατον καὶ κάλλιστον ὀφθῆ-
ναι καὶ νὴ Δία συμπιεῖν ἱκανώτατον, ἠναγκάζετο βασκαί- 335 L
νων ἐπισκώπτειν, ὡς τὸ μὲν σοφιστοῦ, τὸ δὲ γυναικός, τὸ
δὲ σπογγιᾶς εἴη, βασιλέως δ᾽ οὐδὲν ἐγκώμιον.

17. Ἐπειδὴ δ᾽ εἰς τὸ πολεμεῖν ἔρρεπε τὰ πράγματα, 5
τοῦ μὲν Φιλίππου μὴ δυναμένου τὴν ἡσυχίαν ἄγειν, τῶν
d δ᾽ Ἀθηναίων ἐγειρομένων ὑπὸ τοῦ Δημοσθένους, πρῶτον
a. 340 μὲν εἰς Εὔβοιαν ἐξώρμησε τοὺς Ἀθηναίους, καταδεδου-
λωμένην ὑπὸ τῶν τυράννων Φιλίππῳ, καὶ διαβάντες, ἐκεί-
νου τὸ ψήφισμα γράψαντος, ἐξήλασαν τοὺς Μακεδόνας. 10
2 δεύτερον δὲ Βυζαντίοις ἐβοήθησε καὶ Περινθίοις ὑπὸ τοῦ
Μακεδόνος πολεμουμένοις, πείσας τὸν δῆμον, ἀφέντα τὴν
ἔχθραν καὶ τὸ μεμνῆσθαι τῶν περὶ τὸν συμμαχικὸν ἡμαρ-
τημένων ἑκατέροις πόλεμον, ἀποστεῖλαι δύναμιν αὐτοῖς,
3 ὑφ᾽ ἧς ἐσώθησαν. ἔπειτα πρεσβεύων καὶ διαλεγόμενος 15
τοῖς Ἕλλησι καὶ παροξύνων, συνέστησε πλὴν ὀλίγων ἅπαν-
e τας ἐπὶ τὸν Φίλιππον, ὥστε σύνταξιν γενέσθαι πεζῶν μὲν
μυρίων καὶ πεντακισχιλίων, ἱππέων δὲ δισχιλίων ἄνευ τῶν
πολιτικῶν δυνάμεων, χρήματα δὲ καὶ μισθοὺς εἰσφέρε-
4 σθαι τοῖς ξένοις προθύμως. ὅτε καί φησι Θεόφραστος (fr. 20
145 W.), ἀξιούντων τῶν συμμάχων ὁρισθῆναι τὰς εἰσφοράς,
εἰπεῖν Κρωβύλον τὸν δημαγωγόν, ὡς οὐ τεταγμένα σιτεῖ-
5 ται πόλεμος. ἐπηρμένης δὲ τῆς Ἑλλάδος πρὸς τὸ μέλλον, 224 S
καὶ συνισταμένων κατ᾽ ἔθνη καὶ πόλεις Εὐβοέων, Ἀχαιῶν,
Κορινθίων, Μεγαρέων, Λευκαδίων, Κερκυραίων, ὁ μέγι- 25
στος ὑπελείπετο Δημοσθένει τῶν ἀγώνων, Θηβαίους
προσαγαγέσθαι τῇ συμμαχίᾳ, χώραν τε σύνορον τῆς Ἀτ-
f τικῆς καὶ δύναμιν ἐναγώνιον ἔχοντας καὶ μάλιστα τότε 336 L
6 τῶν Ἑλλήνων εὐδοκιμοῦντας ἐν τοῖς ὅπλοις. ἦν δ᾽ οὐ
ῥᾴδιον ἐπὶ προσφάτοις εὐεργετήμασι τοῖς περὶ τὸν Φω- 30

1 Aeschin. 2, 112 ‖ 7 Demosth. 18, 79. 80 Aeschin. 3, 85
Diod. 16, 74—77 ‖ 11 Plut. Phoc. 14 et ibi l. l. ‖ 22 Plut. Crass.
2, 9 et ibi l. l.

[(N*U* =)**N**(**ABCE** =)**Υ**] **1** καί¹ om. Phot. ‖ **1.2** καὶ κάλλιστον
—ἱκανώτατον om. **N** ‖ **5** ἐπεὶ δ᾽ εἰς **Υ** ‖ **14** αὐτοῖς **Υ** *U* : ἀρχῆς **N** ‖
19.20 τοῖς ξένοις εἰσφέρεσθαι **Υ** ‖ **20** Θεόφραστος] Θεόπομπος
Bünger (FGrH 115 F 404) ‖ **23** ὁ πόλεμος **N** ‖ **26** τῷ δημοσθένει
Υ ‖ **29** εὐδοκιμούντων **N** ‖ **30** τοῖς εὐεργετήμασι τοῖς **N**

κικὸν πόλεμον τετιθασσευμένους ὑπὸ τοῦ Φιλίππου με-
ταστῆσαι τοὺς Θηβαίους, καὶ μάλιστα ταῖς διὰ τὴν γει-
τνίασιν ἁψιμαχίαις ἀναξαινομένων ἑκάστοτε τῶν πολε-
μικῶν πρὸς ἀλλήλας διαφορῶν ταῖς πόλεσιν.

5 **18.** Οὐ μὴν ἀλλ᾽ ἐπεὶ Φίλιππος ὑπὸ τῆς περὶ τὴν Ἄμφισ- 854
σαν εὐτυχίας ἐπαιρόμενος εἰς τὴν Ἐλάτειαν ἐξαίφνης ἐνέ- a. 338
πεσε καὶ τὴν Φωκίδα κατέσχεν, ἐκπεπληγμένων τῶν Ἀθη-
ναίων καὶ μηδενὸς τολμῶντος ἀναβαίνειν ἐπὶ τὸ βῆμα μηδ᾽
ἔχοντος ὅ τι χρὴ λέγειν, ἀλλ᾽ ἀπορίας οὔσης ἐν μέσῳ καὶ
10 σιωπῆς, παρελθὼν μόνος ὁ Δημοσθένης συνεβούλευε τῶν
Θηβαίων ἔχεσθαι, καὶ τἆλλα παραθαρρύνας καὶ μετεωρί-
σας ὥσπερ εἰώθει ταῖς ἐλπίσι τὸν δῆμον, ἀπεστάλη πρε-
σβευτὴς μεθ᾽ ἑτέρων εἰς Θήβας. ἔπεμψε δὲ καὶ Φίλιππος, 2
ὡς Μαρσύας (FGrH 135 136 F 20) φησίν, Ἀμύνταν μὲν καὶ
15 Κλέανδρον καὶ Κάσανδρον Μακεδόνας, Δάοχον δὲ Θεσσα-
λὸν καὶ Θρασυδαῖον ἀντεροῦντας. τὸ μὲν οὖν συμφέρον οὐ b
διέφευγε τοὺς τῶν Θηβαίων λογισμούς, ἀλλ᾽ ἐν ὄμμασιν
ἕκαστος εἶχε τὰ τοῦ πολέμου δεινά, τῶν Φωκικῶν ἔτι
τραυμάτων νεαρῶν παραμενόντων· ἡ δὲ τοῦ ῥήτορος
20 δύναμις, ὥς φησι Θεόπομπος (FGrH 115 F 328), ἐκριπί-
ζουσα τὸν θυμὸν αὐτῶν καὶ διακαίουσα τὴν φιλοτιμίαν,
ἐπεσκότησε τοῖς ἄλλοις ἅπασιν, ὥστε καὶ φόβον καὶ λογι-
337 L σμὸν καὶ χάριν ἐκβαλεῖν αὐτούς, ἐνθουσιῶντας ὑπὸ τοῦ
225 S λόγου πρὸς τὸ καλόν. οὕτω δὲ μέγα καὶ λαμπρὸν ἐφάνη 3
25 τὸ τοῦ ῥήτορος ἔργον, ὥστε τὸν μὲν Φίλιππον εὐθὺς ἐπι-
κηρυκεύεσθαι δεόμενον εἰρήνης, ὀρθὴν δὲ τὴν Ἑλλάδα c
γενέσθαι καὶ συνεξαναστῆναι πρὸς τὸ μέλλον, ὑπηρετεῖν
δὲ μὴ μόνον τοὺς στρατηγοὺς τῷ Δημοσθένει, ποιοῦντας
τὸ προσταττόμενον, ἀλλὰ καὶ τοὺς βοιωτάρχας, διοικεῖ-

cap. 18 Demosth. 18, 169—179. 211—213 Aeschin. 3, 137—140.
145sq. Diod. 16, 84. 85 Iustin. 9, 3, 5

[(N U =)N(ABCE =)Υ] **1** τετιθασευμένους Υ ‖ **3** πολιτικῶν
Sint. ‖ **6** φερόμενος N, cf. ad Publ. p. 135, 30 ‖ **6.7** Ἐλάτειαν—
Φωκίδα] Φωκίδα—Ἐλάτειαν Gebhard ‖ **12** τὸν δῆμον ταῖς ἐλπίσιν
Υ ‖ **15** κλέανδρον καὶ κάσανδρον N: κλέαρχον Υ ‖ δὲ N: δὲ καὶ Υ ‖
16 θρασυδαῖον Υ: δικαίαρχον N ‖ **18** δεινά Υ: δείγματα N ‖ ἔτι
τῶν φωκικῶν Υ ‖ **22** ἐπεσκότισε N

σθαι δὲ καὶ τὰς ἐκκλησίας ἁπάσας οὐδὲν ἧττον ὑπ᾿
ἐκείνου τότε τὰς Θηβαίων ἢ τὰς Ἀθηναίων, ἀγαπω-
μένου παρ᾿ ἀμφοτέροις καὶ δυναστεύοντος οὐκ ἀδίκως
οὐδὲ παρ᾿ ἀξίαν, καθάπερ ἀποφαίνεται Θεόπομπος (FGrH
115 F 328), ἀλλὰ καὶ πάνυ προσηκόντως.   5

19. Τύχη δέ τις [ὡς] ἔοικε δαιμόνιος ἢ περιφορὰ
πραγμάτων, εἰς ἐκεῖνο καιροῦ συμπεραίνουσα τὴν ἐλευ-
d θερίαν τῆς Ἑλλάδος, ἐναντιοῦσθαι τοῖς πραττομένοις καὶ
πολλὰ σημεῖα τοῦ μέλλοντος ἀναφαίνειν, ἐν οἷς ἥ τε
Πυθία δεινὰ προὔφερε μαντεύματα, καὶ χρησμὸς ᾔδετο 10
παλαιὸς ἐκ τῶν Σιβυλλείων (Hendess 137)·

> τῆς ἐπὶ Θερμώδοντι μάχης ἀπάνευθε γενοίμην,
> αἰετὸς ἐν νεφέεσσι καὶ ἠέρι θηήσασθαι.
> κλαίει ὁ νικηθείς, ὁ δὲ νικήσας ἀπόλωλε.

2 τὸν δὲ Θερμώδοντά φασιν εἶναι παρ᾿ ἡμῖν ἐν Χαιρωνείᾳ 15
ποτάμιον μικρὸν εἰς τὸν Κηφισὸν ἐμβάλλον. ἡμεῖς δὲ
νῦν μὲν οὐδὲν οὕτω τῶν ῥευμάτων ἴσμεν ὀνομαζόμενον,
εἰκάζομεν δὲ τὸν καλούμενον Αἵμονα Θερμώδοντα τότε
e λέγεσθαι· καὶ γὰρ παραρρεῖ παρὰ τὸ Ἡράκλειον, ὅπου κατ-
εστρατοπέδευον οἱ Ἕλληνες· καὶ τεκμαιρόμεθα τῆς μάχης 338 L
γενομένης αἵματος ἐμπλησθέντα καὶ νεκρῶν τὸν ποταμὸν 21
3 ταύτην διαλλάξαι τὴν προσηγορίαν. ὁ δὲ Δοῦρις (FGrH 76 F 38)
οὐ ποταμὸν εἶναι τὸν Θερμώδοντά φησιν, ἀλλ᾿ ἱστάντας
τινὰς σκηνὴν καὶ περιορύττοντας ἀνδριαντίσκον εὑρεῖν λίθι-
νον, ὑπὸ γραμμάτων τινῶν διασημαινόμενον ὡς εἴη Θερμώ- 25
δων, ἐν ταῖς ἀγκάλαις Ἀμαζόνα φέροντα τετρωμένην. 226 S
πρὸς δὲ τούτῳ χρησμὸν ἄλλον ᾄδεσθαι λέγει (Hendess 138)·

15 Plut. Thes. 27, 8 Callim. fr. 648 Pf. cf. Bölte RE VII 2218 sq.

[(N U =)N(A B C E =)Υ] 3 οὐκ ἀδίκως Υ: οὐ κακῶς N ‖ 4 καθ-
άπερ N: ὥσπερ Υ ‖ 6 ὡς del. Mu. | ἢ περιφορὰ N: ἐν περιφορᾷ
Υ Cast. ‖ 10 δεινὰ Υ: πολλὰ N | προὔφαινε Υ ‖ 11 σιβυλλίων N ‖
14 κλαίει U Υ: καὶ κλαίει N ‖ 16 ποταμὸν N | ἐμβάλλοντα N ‖
18 τὸν καλούμενον om. N | αἵμωνα N ‖ 18.19 λέγεσθαι τότε Υ |
παραρρέειν N ‖ 22 διαλλάξασθαι N ‖ 23 φησι τὸν θερμώδοντα Υ ‖
25 ὑπὸ Υ ὑπὸ τῶν N ‖ 26 Ἀμαζόνα φέροντα Cor.: ἀμαζόνα φέρων
Υ φέρων ἀμαζόνα N ‖ 27 πρὸς δὲ τούτῳ Zie. (cl. p. 299, 1): ἐπὶ
δὲ τούτῳ Υ ἐπὶ τούτῳ δὲ N | λέγοντα Υ

τὴν δ᾽ ἐπὶ Θερμώδοντι μάχην μένε, παμμέλαν ὄρνι·
τηνεί τοι κρέα πολλὰ παρέσσεται ἀνθρώπεια.   f

20. Ταῦτα μὲν οὖν ὅπως ἔχει, διαιτῆσαι χαλεπόν· ὁ δὲ
Δημοσθένης λέγεται, τοῖς τῶν Ἑλλήνων ὅπλοις ἐκτεθαρ-
5 ρηκὼς καὶ λαμπρὸς ὑπὸ ῥώμης καὶ προθυμίας ἀνδρῶν
τοσούτων προκαλουμένων τοὺς πολεμίους αἰρόμενος, οὔτε
χρησμοῖς ἐᾶν προσέχειν οὔτε μαντείας ἀκούειν, ἀλλὰ καὶ
τὴν Πυθίαν ὑπονοεῖν ὡς φιλιππίζουσαν, ἀναμιμνήσκων
Ἐπαμεινώνδου τοὺς Θηβαίους καὶ Περικλέους τοὺς Ἀθη-
10 ναίους, ὡς ἐκεῖνοι τὰ τοιαῦτα πάντα δειλίας ἡγούμενοι   855
προφάσεις ἐχρῶντο τοῖς λογισμοῖς. μέχρι μὲν οὖν τού-   2
των ἦν ἀνὴρ ἀγαθός· ἐν δὲ· τῇ μάχῃ καλὸν οὐδὲν οὐδ᾽   a. 338
ὁμολογούμενον ἔργον οἷς εἶπεν ἀποδειξάμενος, ᾤχετο λι-
πὼν τὴν τάξιν, ἀποδρὰς αἴσχιστα καὶ τὰ ὅπλα ῥίψας,
15 οὐδὲ τὴν ἐπιγραφὴν τῆς ἀσπίδος ὡς ἔλεγε Πυθέας (fr. 8 M.)
αἰσχυνθείς, ἐπιγεγραμμένης γράμμασι χρυσοῖς· ἀγαθῇ τύχῃ.
339 L   Παραυτίκα μὲν οὖν ἐπὶ τῇ νίκῃ διὰ τὴν χαρὰν ὁ Φί-   3
λιππος ἐξυβρίσας καὶ κωμάσας ἐπὶ τοὺς νεκροὺς μεθύων
ᾖδε τὴν ἀρχὴν τοῦ Δημοσθένους ψηφίσματος, πρὸς πόδα
20 διαιρῶν καὶ ὑποκρούων·

Δημοσθένης Δημοσθένους Παιανιεὺς τάδ᾽ εἶπεν·   b

ἐκνήψας δὲ καὶ τὸ μέγεθος τοῦ περιστάντος αὐτὸν ἀγῶ-
νος ἐν νῷ λαβών, ἔφριττε τὴν δεινότητα καὶ τὴν δύναμιν
τοῦ ῥήτορος, ἐν μέρει μικρῷ μιᾶς ἡμέρας τὸν ὑπὲρ τῆς ἡγε-
25 μονίας καὶ τοῦ σώματος ἀναρρῖψαι κίνδυνον ἀναγκασθεὶς
ὑπ᾽ αὐτοῦ. διῖκτο δ᾽ ἡ δόξα μέχρι τοῦ Περσῶν βασιλέως, 4
κἀκεῖνος ἔπεμψε τοῖς σατράπαις ἐπὶ θάλασσαν γράμ-
ματα καὶ χρήματα, Δημοσθένει διδόναι κελεύων καὶ προσ-

---

12 mor. 845 f Aeschin. 3, 175 sq. 253 Gell. 17, 21 ‖ **24** Aeschin.
3, 148. ‖ **28** mor. 327 c d Aeschin. 3, 156. 239 Dinarch. 1, 10. 18

[(NU =)N (ABCE =)Υ] **1** πρὸς δὲ τὴν ἐπὶ θερμώδοντι N ‖
ὄρνιν N ‖ **2** ἀνθρώπεια Lambinus: ἀνθρώποισι ‖ **7** προσχεῖν Υ ‖
10 πάντα om. Υ ‖ **11** οὖν om. N ‖ **12** ἀνὴρ ἦν Υ ‖ **16** ἐπιγεγραμ-
μένην N ‖ χρυσοῖς γράμμασι N ‖ **17** οὖν N: οὖν ὁ φίλιππος Υ ‖
ὁ Φίλιππος om. Υ ‖ **26** διίκετο N ‖ **27** ἔπεμπε N ‖ **28** καί¹ om. Υ

ἔχειν ἐκείνῳ μάλιστα τῶν Ἑλλήνων, ὡς περισπάσαι
δυναμένῳ καὶ κατασχεῖν ταῖς Ἑλληνικαῖς ταραχαῖς τὸν 227 S
5 Μακεδόνα. ταῦτα μὲν οὖν ὕστερον ἐφώρασεν Ἀλέξανδρος,
c ἐν Σάρδεσιν ἐπιστολάς τινας ἀνευρὼν τοῦ Δημοσθένους
καὶ γράμματα τῶν βασιλέως στρατηγῶν, δηλοῦντα τὸ 5
πλῆθος τῶν δοθέντων αὐτῷ χρημάτων.

21. Τότε δὲ τῆς ἀτυχίας τοῖς Ἕλλησι γεγενημένης, οἱ
μὲν ἀντιπολιτευόμενοι ῥήτορες ἐπεμβαίνοντες τῷ Δημο-
2 σθένει κατεσκεύαζον εὐθύνας καὶ γραφὰς ἐπ' αὐτόν· ὁ
δὲ δῆμος οὐ μόνον τούτων ἀπέλυεν, ἀλλὰ καὶ τιμῶν διε- 10
τέλει καὶ προκαλούμενος αὖθις ὡς εὔνουν εἰς τὴν πολι-
τείαν, ὥστε καὶ τῶν ὀστῶν ἐκ Χαιρωνείας κομισθέντων
καὶ θαπτομένων, τὸν ἐπὶ τοῖς ἀνδράσιν ἔπαινον εἰπεῖν
d ἀπέδωκεν, οὐ ταπεινῶς οὐδ' ἀγεννῶς φέρων τὸ συμβε-
βηκός, ὡς γράφει καὶ τραγῳδεῖ Θεόπομπος (FGrH 115 15
F 329), ἀλλὰ τῷ τιμᾶν μάλιστα καὶ κοσμεῖν τὸν σύμβου-
λον ἐπιδεικνύμενος τὸ μὴ μεταμέλεσθαι τοῖς βεβουλευ- 340 L
3 μένοις. τὸν μὲν οὖν λόγον εἶπεν ὁ Δημοσθένης, τοῖς δὲ
ψηφίσμασιν οὐχ ἑαυτόν, ἀλλ' ἐν μέρει τῶν φίλων ἕκαστον
ἐπέγραφεν, ἐξοιωνιζόμενος τὸν ἴδιον δαίμονα καὶ τὴν 20
τύχην, ἕως αὖθις ἀνεθάρρησε Φιλίππου τελευτήσαντος.
a. 336 4 ἐτελεύτησε δὲ τῇ περὶ Χαιρώνειαν εὐτυχίᾳ χρόνον οὐ πο-
λὺν ἐπιβιώσας· καὶ τοῦτο δοκεῖ τῷ τελευταίῳ τῶν ἐπῶν
ὁ χρησμὸς ἀποθεσπίσαι·

κλαίει ὁ νικηθείς, ὁ δὲ νικήσας ἀπόλωλεν.   25

e **22.** Ἔγνω μὲν οὖν κρύφα τὴν τοῦ Φιλίππου τελευτὴν
ὁ Δημοσθένης, προκαταλαμβάνων δὲ τὸ θαρρύνειν ἐπὶ τὰ
μέλλοντα τοὺς Ἀθηναίους, προῆλθε φαιδρὸς εἰς τὴν βου-

---

7 Demosth. 18, 249sq. 285. 25, 36sq. 60 ‖ Cap. 22 Plut. Phoc.
16, 8 Phot. bibl. 394b mor. 847b Aeschin. 3, 77. 160. 219

[(N U =)N(A B C E =)Υ] **10** ἀπέλυσεν N ‖ **12** ὀστέων Υ | χε-
ρωνείας N ‖ **17** ἀποδεικνύμενος Υ | τοῖς συμβεβουλευμένοις N ‖
23 τοῦτ' ἐδόκει Zie. ‖ **27.28** θαρρεῖν NΥ: em. Zie. (post Rei.) cl.
Phot., qui om. προκαταλ.—Ἀθηναίους ac deinde sic habet: προῆλθε
—βουλήν, ἐπιθαρρύνων τοὺς Ἀθην. πρὸς τὰ μέλλ. καὶ ὄναρ ἑωρακέ-
ναι ἔλεγεν ἀφ' οὗ Phot.

λήν, ὡς ὄναρ ἑωρακὼς ἀφ᾽ οὗ τι μέγα προσδοκᾶν Ἀθηναίοις ἀγαθόν· καὶ μετ᾽ οὐ πολὺ παρῆσαν οἱ τὸν Φιλίππου θάνατον ἀπαγγέλλοντες. εὐθὺς οὖν ἔθυον εὐαγγέ- 2
λια καὶ στεφανοῦν ἐψηφίσαντο Παυσανίαν, καὶ προῆλ- 3
228 8 θεν ὁ Δημοσθένης ἔχων λαμπρὸν ἱμάτιον ἐστεφανωμέ
6 νος, ἑβδόμην ἡμέραν τῆς θυγατρὸς αὐτοῦ τεθνηκυίας, ὡς
Αἰσχίνης (3, 77) φησί, λοιδορῶν ἐπὶ τούτῳ καὶ κατηγορῶν αὐτοῦ μισοτεκνίαν, αὐτὸς ὢν ἀγεννὴς καὶ μαλακός, f
εἰ τὰ πένθη καὶ τοὺς ὀδυρμοὺς ἡμέρου καὶ φιλο
10 στόργου ψυχῆς ἐποιεῖτο σημεῖα, τὸ δ᾽ ἀλύπως φέρειν
ταῦτα καὶ πράως ἀπεδοκίμαζεν. ἐγὼ δ᾽ ὡς μὲν ἐπὶ θα- 4
νάτῳ βασιλέως, ἡμέρως οὕτω καὶ φιλανθρώπως ἐν οἷς
εὐτύχησε χρησαμένου πταίσασιν αὐτοῖς, στεφανηφορεῖν
καλῶς εἶχε καὶ θύειν, οὐκ ἂν εἴποιμι· πρὸς γὰρ τῷ νε
341 L μεσητῷ καὶ ἀγεννές, ζῶντα μὲν τιμᾶν καὶ ποιεῖσθαι πο
10 λίτην, πεσόντος δ᾽ ὑφ᾽ ἑτέρου μὴ φέρειν τὴν χαρὰν με- 856
τρίως, ἀλλ᾽ ἐπισκιρτᾶν τῷ νεκρῷ καὶ παιωνίζειν, ὥσπερ
αὐτοὺς ἀνδραγαθήσαντας· ὅτι μέντοι τὰς οἴκοι τύχας καὶ 5
δάκρυα καὶ ὀδυρμοὺς ἀπολιπὼν ταῖς γυναιξὶν ὁ Δημο
20 σθένης, ἃ τῇ πόλει συμφέρειν ᾤετο, ταῦτ᾽ ἔπραττεν, ἐπαινῶ, καὶ τίθεμαι πολιτικῆς καὶ ἀνδρώδους ψυχῆς, ἀεὶ πρὸς
τὸ κοινὸν ἱστάμενον καὶ τὰ οἰκεῖα πράγματα καὶ πάθη τοῖς
δημοσίοις ἐπανέχοντα * * * τηρεῖν τὸ ἀξίωμα, πολὺ μᾶλλον
ἢ τοὺς ὑποκριτὰς τῶν βασιλικῶν καὶ τυραννικῶν προσώ
25 πων, οὓς ὁρῶμεν οὔτε κλαίοντας οὔτε γελῶντας ἐν τοῖς
θεάτροις ὡς αὐτοὶ θέλουσιν, ἀλλ᾽ ὡς ὁ ἀγὼν ἀπαιτεῖ πρὸς b
τὴν ὑπόθεσιν. χωρὶς δὲ τούτων, εἰ δεῖ τὸν ἀτυχήσαντα 6
μὴ περιορᾶν ἀπαρηγόρητον ἐν τῷ πάθει κείμενον, ἀλλὰ

[(**NU** =)**N** (**ABCE** =)**Υ**] **3. 4** εὐθὺς—Παυσανίαν om. Phot. ‖
4 ἐψηφίζοντο **N** │ παρῆλθεν Phot. ‖ **5** ἐστεφανωμένος, ἔχων καὶ
λαμπρὸν ἱμάτιον Phot. ‖ **6** ὡς **N** Phot.: ὡς ὁ **Υ** ‖ **7** λοιδορῶν αὐτὸν
Phot. ‖ **9** τὰ πένθη] τὸ ταπεινὸν Phot. ‖ **10** ποιεῖται Phot. ‖
10. 11 καὶ πράως ταῦτα φέρειν Phot. ‖ **13** ηὐτύχησε **Υ** ‖
14 εἶχε **N** Phot.: εἰ δὲ **Υ** ‖ **17. 18** ὥσπ. αὐτ. ἀνδρ. om. Phot. ‖
22 ἐνιστάμενον Phot. │ πράγματα καὶ πάθη **N** Phot.: πάθη καὶ
πράγματα **Υ** ‖ **23** ἐπαμπέχοντα Ha. ὑπέχοντα Zie. │ lac. ante τηρεῖν stat. Graux Li. ‖ **27** εἰ δεῖ] ἔδει Phot. ‖ **28** ἐν τῷ πάσχειν Phot.

καὶ λόγοις χρῆσθαι κουφίζουσι καὶ πρὸς ἡδίω πράγματα
τρέπειν τὴν διάνοιαν, ὥσπερ οἱ τοὺς ὀφθαλμιῶντας ἀπὸ
τῶν λαμπρῶν καὶ ἀντιτύπων ἐπὶ τὰ χλωρὰ καὶ μαλακὰ
χρώματα τὴν ὄψιν ἀπάγειν κελεύοντες, πόθεν ἄν τις ἐπά-
γοιτο βελτίω παρηγορίαν, ἢ πατρίδος εὐτυχούσης ἐκ 5
τῶν κοινῶν παθῶν ἐπὶ τὰ οἰκεῖα σύγκρασιν ποριζόμενος,
7 τοῖς βελτίοσιν ἐναφανίζουσαν τὰ χείρω; ταῦτα μὲν οὖν
c εἰπεῖν προήχθημεν, ὁρῶντες ἐπικλῶντα πολλοὺς καὶ ἀπο- 229 S
θηλύνοντα τὸν Αἰσχίνην τῷ λόγῳ τούτῳ πρὸς οἶκτον.

a. 335   **23.** Αἱ δὲ πόλεις, πάλιν τοῦ Δημοσθένους ἀναρριπί- 10
ζοντος αὐτάς, συνίσταντο, καὶ Θηβαῖοι μὲν ἐπέθεντο τῇ
φρουρᾷ καὶ πολλοὺς ἀνεῖλον. ὅπλα τοῦ Δημοσθένους
αὐτοῖς συμπαρασκευάσαντος, Ἀθηναῖοι δ᾽ ὡς πολεμή- 342 L
2 σοντες μετ᾽ αὐτῶν παρεσκευάζοντο, καὶ τὸ βῆμα κατεῖχεν
ὁ Δημοσθένης, καὶ πρὸς τοὺς ἐν Ἀσίᾳ στρατηγοὺς τοῦ 15
βασιλέως ἔγραφε, τὸν ἐκεῖθεν ἐπεγείρων πόλεμον Ἀλε-
ξάνδρῳ, παῖδα καὶ Μαργίτην ἀποκαλῶν αὐτόν. ἐπεὶ μέν-
d τοι τὰ περὶ τὴν χώραν θέμενος, παρῆν αὐτὸς μετὰ τῆς
δυνάμεως εἰς τὴν Βοιωτίαν, ἐξεκέκοπτο μὲν ἡ θρασύτης
τῶν Ἀθηναίων, καὶ ὁ Δημοσθένης ἀπεσβήκει, Θηβαῖοι 20
δὲ προδοθέντες ὑπ᾽ ἐκείνων ἠγωνίσαντο καθ᾽ αὑτοὺς καὶ
3 τὴν πόλιν ἀπέβαλον. θορύβου δὲ μεγάλου τοὺς Ἀθηναίους
περιεστῶτος, ἀπεστάλη μὲν ὁ Δημοσθένης αἱρεθεὶς μεθ᾽
ἑτέρων πρεσβευτὴς πρὸς Ἀλέξανδρον, δείσας δὲ τὴν ὀργὴν
ἐκ τοῦ Κιθαιρῶνος ἀνεχώρησεν ὀπίσω καὶ τὴν πρεσβείαν 25
4 ἀφῆκεν. εὐθὺς δ᾽ ὁ Ἀλέξανδρος ἐξῄτει πέμπων τῶν δημα-
γωγῶν δέκα μὲν ὡς Ἰδομενεὺς (FGrH 338 F 11) καὶ Δοῦ-

2 mor. 469a. 490c. d. 543e. f. 599f ‖ 12 mor. 847b Diod. 17,
8 cf. ad p. 299, 28 et v. Alex. 11. 13, 1 Phoc. 17, 2 et ibi l. l. ‖
24 Aeschin. 3, 161

[(N U =)N(ABCE =)Υ] 2 οἱ om. Phot. ‖ 3 μαλακὰ καὶ χλω-
ρὰ Phot. ‖ 4 ἐπάγοιτο Phot.: ἐπαγάγοιτο ΝΥ ‖ 6 κοινῶν ἀγαθῶν
ἐπὶ τὰ οἰκεῖα ⟨πάθη⟩ σύγκρασιν Wytt. ‖ 7 καὶ τοῖς Ν | ἐναφανί-
ζουσαν Ν Phot.: ἀφανίζουσαν Υ, cf. Cat. M. 28, 1 Aem. 36, 1 al. ‖
12 πολλοὺς μὲν Ν ‖ 16 πόλεμον ἐπεγείρων Ν ‖ 18 ⟨δια⟩θέμενος
Cast. | αὐτὸς om. Ν ‖ 22 τοῖς ἀθηναίοις Ν ‖ 26 ὁ om. Ν | ἐζήτει
Ν ‖ 27 μὲν om. Ν

24

ρις (FGrH 76 F 39) εἰρήκασιν, ὀκτὼ δ᾽ ὡς οἱ πλεῖστοι καὶ
δοκιμώτατοι τῶν συγγραφέων, τούσδε· Δημοσθένην, Πο- e
λύευκτον, Ἐφιάλτην, Λυκοῦργον, Μοιροκλέα, Δήμωνα,
Καλλισθένην, Χαρίδημον. ὅτε καὶ τὸν περὶ τῶν προβά- 5
5 των λόγον ὁ Δημοσθένης, ἃ τοῖς λύκοις τοὺς κύνας ἐξέ-
δωκε, διηγησάμενος, αὐτὸν μὲν εἴκασε καὶ τοὺς σὺν αὐτῷ
κυσὶν ὑπὲρ τοῦ δήμου μαχομένοις, Ἀλέξανδρον δὲ τὸν
Μακεδόνα μονόλυκον προσηγόρευσεν. ἔτι δ᾽ ,,ὥσπερ`` 6
ἔφη ,,τοὺς ἐμπόρους ὁρῶμεν, ὅταν ἐν τρυβλίῳ δεῖγμα
10 περιφέρωσι, δι᾽ ὀλίγων πυρῶν τοὺς πολλοὺς πιπράσκον-
343 L τας, οὕτως [ἐν] ἡμῖν λανθάνετε πάντας αὐτοὺς συνεκδιδόν-
230 S τες.`` ταῦτα μὲν οὖν Ἀριστόβουλος ὁ Κασσανδρεὺς (FGrH
139 F 3) ἱστόρηκε. βουλευομένων δὲ τῶν Ἀθηναίων καὶ δια- f
πορούντων, ὁ Δημάδης (fr. 15 M.) λαβὼν πέντε τάλαντα
15 παρὰ τῶν ἀνδρῶν ὡμολόγησε πρεσβεύσειν καὶ δεήσεσθαι
τοῦ βασιλέως ὑπὲρ αὐτῶν, εἴτε τῇ φιλίᾳ πιστεύων, εἴτε
προσδοκῶν μεστὸν εὑρήσειν ὥσπερ λέοντα φόνου κεκο-
ρεσμένον. ἔπεισε δ᾽ οὖν καὶ παρῃτήσατο τοὺς ἄνδρας ὁ
Φωκίων καὶ διήλλαξεν αὐτῷ τὴν πόλιν.

20 **24.** Ἀπελθόντος δ᾽ Ἀλεξάνδρου μεγάλοι μὲν ἦσαν οὗτοι, 857
ταπεινὰ δ᾽ ἔπραττεν ὁ Δημοσθένης. κινουμένῳ δ᾽ Ἄγιδι
τῷ Σπαρτιάτῃ βραχέα συνεκινήθη πάλιν, εἶτ᾽ ἔπτηξε,
τῶν μὲν Ἀθηναίων οὐ συνεξαναστάντων, τοῦ δ᾽ Ἄγιδος a. 331
πεσόντος καὶ τῶν Λακεδαιμονίων συντριβέντων. εἰσήχθη 2
25 δὲ τότε καὶ ἡ περὶ τοῦ στεφάνου γραφὴ κατὰ Κτησιφῶν-
τος, γραφεῖσα μὲν ἐπὶ Χαιρώνδου ἄρχοντος μικρὸν ἐπάνω
τῶν Χαιρωνικῶν, κριθεῖσα δ᾽ ὕστερον ἔτεσι δέκα ἐπ᾽ Ἀρι- a. 330
στοφῶντος, γενομένη δ᾽ ὡς οὐδεμία τῶν δημοσίων περι-

17 λέοντα φόνου κεκορεσμένον ex aliquo poeta petitum? ||
23 Plut. Ag. 3,3 Diod. 17,63 Curt. 6,1,1—16 Iustin. 12,1,8—12

[(NU=)N (ABCE=)Υ] 3 μυροκλέα Υ, cf. p.293,16 || **5.6** ὁ
δημοσθένης ὡς τοῖς—αὐτὸν Υ ὁ δημοσθέν.ης προσῆψε τῷ δήμῳ ἃ
τοῖς λύκοις τοὺς κύνας ἐξέδωκε (-δωκαν U) καὶ διηγούμενος αὐτὸν
N || 7 τοῦ om. N | ἀλέξανδροι δὲ τὸν Υ: τὸν δὲ ἀλ. τὸν N || 11 ἐν
del. Mittelhaus | λανθάνεται N sed ε s. s. U || 12 κασανδρεὺς N sed
corr. in σσ U || 15 πρεσβεύειν: em. Rei. || 18 δ᾽ οὖν Υ: οὖν N ||
19 φωκίων N: δημάδης Υ | αὐτῶν N || 20 δὲ ΥU: δὲ τοῦ N ||
26 μικρὸν ἐπάνω om. N || 27 δέκα] errat Plut.

25

βόητος διά τε τὴν δόξαν τῶν λεγόντων καὶ τὴν τῶν δικα-
b ζόντων εὐγένειαν, οἳ τοῖς ἐλαύνουσι τὸν Δημοσθένη τότε
πλεῖστον δυναμένοις καὶ μακεδονίζουσιν οὐ προήκαντο τὴν
κατ᾽ αὐτοῦ ψῆφον, ἀλλ᾽ οὕτω λαμπρῶς ἀπέλυσαν, ὥστε
τὸ πέμπτον μέρος τῶν ψήφων Αἰσχίνην μὴ μεταλαβεῖν. 5
3 ἐκεῖνος μὲν οὖν εὐθὺς ἐκ τῆς πόλεως ᾤχετ᾽ ἀπιὼν καὶ περὶ
Ῥόδον καὶ Ἰωνίαν σοφιστεύων κατεβίωσε.

a. 324 **25.** Μετ᾽ οὐ πολὺ δ᾽ Ἅρπαλος ἧκεν ἐξ Ἀσίας εἰς τὰς 344 L
Ἀθήνας ἀποδρὰς Ἀλέξανδρον, αὑτῷ τε πράγματα συνει-
δὼς πονηρὰ δι᾽ ἀσωτίαν, κἀκεῖνον ἤδη χαλεπὸν ὄντα τοῖς 10
2 φίλοις δεδοικώς. καταφυγόντος δὲ πρὸς τὸν δῆμον αὐτοῦ,
καὶ μετὰ τῶν χρημάτων καὶ τῶν νεῶν αὐτὸν παραδιδόντος,
c οἱ μὲν ἄλλοι ῥήτορες εὐθὺς ἐποφθαλμιάσαντες πρὸς τὸν
πλοῦτον ἐβοήθουν καὶ συνέπειθον τοὺς Ἀθηναίους δέχε-
3 σθαι καὶ σῴζειν τὸν ἱκέτην. ὁ δὲ Δημοσθένης πρῶτον μὲν 231 S
ἀπελαύνειν συνεβούλευε τὸν Ἅρπαλον καὶ φυλάττεσθαι, 16
μὴ τὴν πόλιν ἐμβάλωσιν εἰς πόλεμον ἐξ οὐκ ἀναγκαίας
καὶ ἀδίκου προφάσεως· ἡμέραις δ᾽ ὀλίγαις ὕστερον ἐξε-
ταζομένων τῶν χρημάτων, ἰδὼν αὐτὸν ὁ Ἅρπαλος ἡσθέντα
βαρβαρικῇ κύλικι καὶ καταμανθάνοντα τὴν τορείαν καὶ τὸ 20
εἶδος, ἐκέλευσε διαβαστάσαντα τὴν ὁλκὴν τοῦ χρυσίου
4 σκέψασθαι. θαυμάσαντος δὲ τοῦ Δημοσθένους τὸ βάρος
d καὶ πυθομένου πόσον ἄγει, μειδιάσας ὁ Ἅρπαλος „ἄξει
σοι" φησίν „εἴκοσι τάλαντα", καὶ γενομένης τάχιστα τῆς
νυκτὸς ἔπεμψεν αὐτῷ τὴν κύλικα μετὰ τῶν εἴκοσι ταλάν- 25
5 των. ἦν δ᾽ ἄρα δεινὸς ὁ Ἅρπαλος ἐρωτικοῦ πρὸς χρυσίον
ἀνδρὸς ὄψει καὶ διαχύσει καὶ βολαῖς ὀμμάτων ἐνευρεῖν
ἦθος. οὐ γὰρ ἀντέσχεν ὁ Δημοσθένης, ἀλλὰ πληγεὶς ὑπὸ
τῆς δωροδοκίας ὥσπερ παραδεδεγμένος φρουρὰν προσκε-

5 mor. 840 c d ‖ cap. 25. 26 mor. 846 a Diod. 17, 108 Arr. ap.
Phot. bibl. cod. 91, p. 68 b 21 Dinarch. 3, 1 Hyperid. 1 Paus. 1,
37, 5. 2, 33, 4 Curt. 10, 2 ‖ 29 − 305, 6 Phot. bibl. 394 b

[(NU =)N (ABCE =)Υ] 2 δημοσθένην Υ ‖ 3 καὶ om. N ‖
6 ἐκ τῆς πόλεως εὐθὺς N ‖ 8 τὰς om. N ‖ 10 ἀπιστίαν N ‖ 13 ὀφθαλ-
μιάσαντες N ‖ 14 πλοῦτον εὐθὺς ἐβοήθουν N ‖ 19 πρᾱγμάτων N ‖
27 ὄψιν Υ ὄψεως διαχύσει Rei. | ἀνευρεῖν Υ ‖ 29 δεδεγμένος Phot.

χωρήκει τῷ Ἁρπάλῳ, καὶ μεθ᾿ ἡμέραν εὖ καὶ καλῶς ἐρί-
345 L οις καὶ ταινίαις κατὰ τοῦ τραχήλου καθελιξάμενος εἰς τὴν
ἐκκλησίαν προῆλθε, καὶ κελευόντων ἀνίστασθαι καὶ λέ-
γειν, διένευεν ὡς ἀποκεκομμένης αὐτῷ τῆς φωνῆς. οἱ δ᾿ 6
5 εὐφυεῖς χλευάζοντες οὐχ ὑπὸ συνάγχης ἔφραζον, ἀλλ᾿ ἀρ- e
γυράγχης εἰλῆφθαι νύκτωρ τὸν δημαγωγόν. ὕστερον
δὲ τοῦ δήμου παντὸς αἰσθομένου τὴν δωροδοκίαν καὶ βου-
λόμενον ἀπολογεῖσθαι καὶ πείθειν οὐκ ἐῶντος, ἀλλὰ
χαλεπαίνοντος καὶ θορυβοῦντος, ἀναστάς τις ἔσκωψεν
10 εἰπών· ,,οὐκ ἀκούσεσθε ὦ ἄνδρες Ἀθηναῖοι τοῦ τὴν κύλικα
ἔχοντος;" τότε μὲν οὖν ἀπέπεμψαν ἐκ τῆς πόλεως τὸν 7
Ἅρπαλον, δεδιότες δὲ μὴ λόγον ἀπαιτῶνται τῶν χρημά-
των ἃ διηρπάκεισαν οἱ ῥήτορες, ζήτησιν ἐποιοῦντο νεανι-
κήν, καὶ τὰς οἰκίας ἐπιόντες ἠρεύνων πλὴν τῆς Καλλι-
15 κλέους τοῦ Ἀρρενείδου. μόνην γὰρ τὴν τούτου νεωστὶ γεγα- 8 f
232 8 μηκότος οὐκ εἴασαν ἐλεγχθῆναι νύμφης ἔνδον οὔσης, ὡς
ἱστορεῖ Θεόφραστος.

26. Ὁ δὲ Δημοσθένης ὁμόσε χωρῶν εἰσήνεγκε ψήφισμα,
τὴν ἐξ Ἀρείου πάγου βουλὴν ἐξετάσαι τὸ πρᾶγμα καὶ
20 τοὺς ἐκείνῃ δόξαντας ἀδικεῖν δοῦναι δίκην. ἐν δὲ πρώτοις 2
αὐτοῦ τῆς βουλῆς καταψηφισαμένης, εἰσῆλθε μὲν εἰς τὸ
δικαστήριον, ὀφλὼν δὲ πεντήκοντα ταλάντων δίκην καὶ
παραδοθεὶς εἰς τὸ δεσμωτήριον, αἰσχύνῃ τῆς αἰτίας φησὶ 858
καὶ δι᾿ ἀσθένειαν τοῦ σώματος οὐ δυνάμενος φέρειν τὸν
25 εἱργμὸν ἀποδρᾶναι, τοὺς μὲν λαθών, τῶν δὲ λαθεῖν ἐξου-

---

4 Pollux 7, 104 Gell. 11, 9 ‖ 14 Hellad. ap. Phot. bibl. 534b 16

[(NU =)N (ABCE =)Y] 2 κατὰ τοῦ τραχήλου om. U ∣
κα+θελιξάμενος ex κατωσελιξάμενος (?) corr. U: κατωσελ ηξάμε-
νος N   κατελιξάμενος Y Phot. ‖ 5 ἀλλ᾿ N Phot.: ἀλλ᾿ ἀπ᾿ Y ‖
11 τὸν om. A ‖ 12. 13 τῶν χρημάτων ἃ N: χρημάτων ὧν Y ‖
13 διηρπάκεσαν Y ‖ 14 τῆς YU: τὰς N ‖ 15 τοῦ Y: τῆς N ∣ ἀρρε-
νίδου libri ∣ ἀρρενίδου μονῆς τὴν δὲ τούτου N ‖ 16 οὔσης ἔνδον
N ‖ 17 θεόπομπος Y (cf. FGrH 115 F 330) ‖ 21 τῆς βουλῆς
Li.: τῆς βουλῆς ἐκείνης N τῆς βουλῆς ἐκείνου Y τῆς πό-
λεως U ‖ 23 φασὶ Y ‖ 24 δυναμένου Y ‖ 25 λαθόντα Y (λα-
θόντας A)

3 σίαν δόντων. λέγεται γοῦν, ὡς οὐ μακρὰν τοῦ ἄστεος φεύ- 346 L
γων αἴσθοιτό τινας τῶν διαφόρων αὐτῷ πολιτῶν ἐπιδιώ-
κοντας, [καὶ] βούλεσθαι μὲν αὐτὸν ἀποκρύπτειν, ὡς δ' ἐκεῖ-
νοι φθεγξάμενοι τοὔνομα καὶ προσελθόντες ἐγγὺς ἐδέοντο
λαβεῖν ἐφόδιον παρ' αὐτῶν, ἐπ' αὐτὸ τοῦτο κομίζοντες 5
ἀργύριον οἴκοθεν καὶ τούτου χάριν ἐπιδιώξαντες αὐτόν,
ἅμα δὲ θαρρεῖν παρεκάλουν καὶ μὴ φέρειν ἀνιαρῶς τὸ συμ-
b βεβηκός, ἔτι μᾶλλον ἀνακλαύσασθαι τὸν Δημοσθένην καὶ
4 εἰπεῖν· ,,πῶς δ' οὐ μέλλω φέρειν βαρέως, ἀπολείπων πόλιν
ἐχθροὺς τοιούτους ἔχουσαν, οἵους ἐν ἑτέρᾳ φίλους εὑρεῖν 10
οὐ ῥᾴδιόν ἐστιν;"
5   Ἤνεγκε δὲ τὴν φυγὴν μαλακῶς, ἐν Αἰγίνῃ καὶ Τροι-
ζῆνι καθήμενος τὰ πολλὰ καὶ πρὸς τὴν Ἀττικὴν ἀπο-
βλέπων δεδακρυμένος, ὥστε φωνὰς οὐκ εὐγνώμονας οὐδ'
ὁμολογουμένας τοῖς ἐν τῇ πολιτείᾳ νεανιεύμασιν ἀπομνη- 15
6 μονεύεσθαι. λέγεται γὰρ ἐκ τοῦ ἄστεος ἀπαλλαττόμενος
καὶ πρὸς τὴν ἀκρόπολιν ἀνατείνας τὰς χεῖρας εἰπεῖν· ,,ὦ
δέσποινα Πολιάς, τί δὴ τρισὶ τοῖς χαλεπωτάτοις χαίρεις
7 θηρίοις, γλαυκὶ καὶ δράκοντι καὶ δήμῳ;" τοὺς δὲ προσ-
c ιόντας αὐτῷ καὶ συνδιατρίβοντας νεανίσκους ἀποτρέπειν 20
τῆς πολιτείας, λέγων ὡς εἰ, δυεῖν αὐτῷ προκειμένων ἀπ'
ἀρχῆς ὁδῶν, τῆς μὲν ἐπὶ τὸ βῆμα καὶ τὴν ἐκκλησίαν, τῆς 233 S
δ' ἄντικρυς εἰς τὸν ὄλεθρον, ἐτύγχανε προειδὼς τὰ κατὰ τὴν
πολιτείαν κακά, φόβους καὶ φθόνους καὶ διαβολὰς καὶ 347 L
ἀγῶνας, ἐπὶ ταύτην ἂν ὁρμῆσαι τὴν εὐθὺ τοῦ θανάτου 25
τείνουσαν.

   27. Ἀλλὰ γὰρ ἔτι φεύγοντος αὐτοῦ τὴν εἰρημένην φυ-
a. 323 γήν, Ἀλέξανδρος μὲν ἐτελεύτησε, τὰ δ' Ἑλληνικὰ συνί-

1 cf. mor. 845e Hellad. ap. Phot. bibl. 534b 4 || 19—26 Phot.
bibl. 394b

[(N U =)N(A B C E =)Υ] **1** φεύγων τοῦ ἄστεος N || **3** καὶ del.
Erbse | βούλεσθαι N: βούλοιτο Υ || **5** ἐφόδια Υ || **9** ἀπολιπών: em.
Cor. || **13** καθεζόμενος Υ || **15** ὁμολογούσας Υ || **19** τοὺς δὲ Υ:
καὶ τοὺς N || **20** ἀπέτρεπε Υ Phot. || **21** δυεῖν N Phot.: δυοῖν Υ U |
αὐτῷ N Phot.: om. Υ || **21.22** ἀπ' ἀρχῆς ὁδῶν N Phot.: ὁδῶν ἀπ'
ἀρχῆς Υ || **23** ἐτύγχανεν δὲ προειδὼς Υ ἐτύγχανεν εἰδὼς Phot. ||
25 ἀγωνίας Phot. || **28** συνίσταντο Υ

στατο πάλιν, Λεωσθένους ἀνδραγαθοῦντος καὶ περιτειχί-
ζοντος Ἀντίπατρον ἐν Λαμίᾳ πολιορκούμενον. Πυθέας 2 d
μὲν οὖν ὁ ῥήτωρ καὶ Καλλιμέδων ὁ Κάραβος ἐξ Ἀθηνῶν
φεύγοντες Ἀντιπάτρῳ προσεγένοντο, καὶ μετὰ τῶν ἐκεί-
5 νου φίλων καὶ πρέσβεων περιόντες οὐκ εἴων ἀφίστασθαι
τοὺς Ἕλληνας οὐδὲ προσέχειν τοῖς Ἀθηναίοις· Δημοσθένης 3
δὲ τοῖς ἐξ ἄστεος πρεσβεύουσι καταμείξας ἑαυτὸν ⟨συν⟩ηγω-
νίζετο καὶ συνέπραττεν, ὅπως αἱ πόλεις συνεπιθήσον-
ται τοῖς Μακεδόσι καὶ συνεκβαλοῦσιν αὐτοὺς τῆς Ἑλλάδος.
10 ἐν δ' Ἀρκαδίᾳ καὶ λοιδορίαν τοῦ Πυθέου καὶ τοῦ Δημο- 4
σθένους γενέσθαι πρὸς ἀλλήλους εἴρηκεν ὁ Φύλαρχος (FGrH
81 F 75) ἐν ἐκκλησίᾳ, τοῦ μὲν ὑπὲρ τῶν Μακεδόνων, τοῦ
δ' ὑπὲρ τῶν Ἑλλήνων λέγοντος. λέγεται δὲ τότε τὸν μὲν 5 e
Πυθέαν (fr. 13 M.) εἰπεῖν, ὅτι καθάπερ οἰκίαν, εἰς ἣν ὄνειον
15 εἰσφέρεται γάλα, κακόν τι πάντως ἔχειν νομίζομεν, οὕτω
καὶ πόλιν ἀνάγκη νοσεῖν εἰς ἣν Ἀθηναίων πρεσβεία παρα-
γίνεται· τὸν δὲ Δημοσθένη τρέψαι τὸ παράδειγμα, φή-
σαντα καὶ τὸ γάλα τὸ ὄνειον ἐφ' ὑγιείᾳ καὶ τοὺς Ἀθηναίους
ἐπὶ σωτηρίᾳ παραγίνεσθαι τῶν νοσούντων. ἐφ' οἷς ἡσθεὶς 6
20 ὁ τῶν Ἀθηναίων δῆμος ψηφίζεται τῷ Δημοσθένει κάθο-
δον. τὸ μὲν οὖν ψήφισμα Δήμων ὁ Παιανιεύς, ἀνεψιὸς ὢν
348 L Δημοσθένους, εἰσήνεγκεν· ἐπέμφθη δὲ τριήρης ἐπ' αὐ-
τὸν εἰς Αἴγιναν. ἐκ δὲ Πειραιῶς ἀνέβαινεν οὔτ' ἄρχοντος 7
οὔθ' ἱερέως ἀπολειφθέντος, ἀλλὰ καὶ τῶν ἄλλων πολι-
234 S τῶν ὁμοῦ τι πάντων ἀπαντώντων καὶ δεχομένων προθύ- f
26 μως. ὅτε καί φησιν αὐτὸν ὁ Μάγνης Δημήτριος ἀνατεί-
ναντα τὰς χεῖρας μακαρίσαι τῆς ἡμέρας ἐκείνης ἑαυ-
τόν, ὡς βέλτιον Ἀλκιβιάδου κατιόντα· πεπεισμένους γάρ,
οὐ βεβιασμένους, ὑπ' αὐτοῦ δέχεσθαι τοὺς πολίτας. τῆς 8
30 δὲ χρηματικῆς ζημίας αὐτῷ μενούσης — οὐ γὰρ ἐξῆν χάριτι

6 mor. 846 c. d ‖ 19 sq. mor. 846 d Iustin. 13, 5, 9

[(**NU** =) **N** (**ABCE** =) **Υ**]   3 οὖν om. **N** ‖ 5 περιόντες **N** ‖
7 προσμίξας **Υ** | ἠγωνίζετο : em. Zie. cl. p. 372, 14 ‖ 13 τότε
om. **Υ** | μὲν om. **N** ‖ 16 νοσεῖν ἀνάγκη **N** ‖ 17 δημοσθένη᷎ U δη-
μοσθένην **Υ** | στρέψαι **Υ** ‖ 18 ὑγεία U ὑγία **N** ‖ 25 τι om. **Υ** ‖
27 αὐτὸν **Υ** ‖ 29 ὑπὸ τούτου **N**

29

859 λῦσαι καταδίκην – ἐσοφίσαντο πρὸς τὸν νόμον. εἰωθότες
γὰρ ἐν τῇ θυσίᾳ τοῦ Διὸς τοῦ Σωτῆρος ἀργύριον τελεῖν
τοῖς κατασκευάζουσι καὶ κοσμοῦσι τὸν βωμόν, ἐκείνῳ
τότε ταῦτα ποιῆσαι καὶ παρασχεῖν πεντήκοντα ταλάν-
των ἐξέδωκαν, ὅσον ἦν τὸ τίμημα τῆς καταδίκης.   5

28. Οὐ μὴν ἐπὶ πολὺν χρόνον ἀπέλαυσε τῆς πατρίδος
κατελθών, ἀλλὰ ταχὺ τῶν Ἑλληνικῶν πραγμάτων συντρι-
a. 322 βέντων, Μεταγειτνιῶνος μὲν ἡ περὶ Κραννῶνα μάχη συνέ-
πεσε, Βοηδρομιῶνος δὲ παρῆλθεν εἰς Μουνυχίαν ἡ φρουρά,
Πυανεψιῶνος δὲ Δημοσθένης ἀπέθανε τόνδε τὸν τρόπον. 10
2 ὡς Ἀντίπατρος καὶ Κρατερὸς ἠγγέλλοντο προσιόντες ἐπὶ
b τὰς Ἀθήνας, οἱ μὲν περὶ τὸν Δημοσθένην φθάσαντες ὑπεξ-
ῆλθον ἐκ τῆς πόλεως, ὁ δὲ δῆμος αὐτῶν θάνατον κατέγνω
3 Δημάδου γράψαντος. ἄλλων δ᾽ ἀλλαχοῦ διασπαρέντων,
ὁ Ἀντίπατρος περιέπεμπε τοὺς συλλαμβάνοντας, ὧν ἦν 15
ἡγεμὼν Ἀρχίας ὁ κληθεὶς Φυγαδοθήρας. τοῦτον δὲ Θού-
ριον ὄντα τῷ γένει λόγος ἔχει τραγῳδίας ὑποκρίνασθαί
ποτε, καὶ τὸν Αἰγινήτην Πῶλον τὸν ὑπερβαλόντα τῇ τέχνῃ 349 L
πάντας ἐκείνου γεγονέναι μαθητὴν ἱστοροῦσιν. Ἕρμιππος
(FHG III 51) δὲ τὸν Ἀρχίαν ἐν τοῖς Λακρίτου τοῦ ῥήτορος 20
μαθηταῖς ἀναγράφει· Δημήτριος (FGrH 228 F 20) δὲ τῆς
c 4 Ἀναξιμένους διατριβῆς μετεσχηκέναι φησὶν αὐτόν. οὗ-
τος οὖν ὁ Ἀρχίας Ὑπερείδην μὲν τὸν ῥήτορα καὶ Ἀριστό-
νικον τὸν Μαραθώνιον καὶ τὸν Δημητρίου τοῦ Φαληρέως
ἀδελφὸν Ἱμεραῖον, ἐν Αἰγίνῃ καταφυγόντας ἐπὶ τὸ Αἰά- 235 S
κειον, ἔπεμψεν ἀποσπάσας εἰς Κλεωνὰς πρὸς Ἀντίπατρον, 26
κἀκεῖ διεφθάρησαν· Ὑπερείδου δὲ καὶ τὴν γλῶτταν ἐκτμη-
θῆναι ζῶντος λέγουσι.

11 mor. 846e. f

[(NU =)N (ABCE =)Υ] 3 ἐκεῖνον N ‖ 5 τὸ om. Υ ‖ 8 μὲν
Υ: μὲν μηνὸς N, cf. Thes. p. 19. 27 v. l. Ages. cap. 28, 7 v. l.
Cam. p. 211,11 | κρανῶνα: em. Sint. ‖ 10 τὸν om. N ‖ 16 ἡγε-
μὼν ἦν Υ ‖ 17 ὑποκρίνεσθαι: em. Rei. ‖ 18 ὑπερβάλλοντα N ‖
19 πάντες N ‖ 21 μαθητὴν Υ ‖ 22 αὐτός N ‖ 26 ἀποσπάσας ἔπεμψεν
Υ ‖ 28 ζῶντος om. Υ

30

29. *Τὸν δὲ Δημοσθένην πυθόμενος ἱκέτην ἐν Καλαυρείᾳ
ἐν τῷ ἱερῷ Ποσειδῶνος καθέζεσθαι, διαπλεύσας ὑπηρετι-
κοῖς καὶ ἀποβὰς μετὰ Θρᾳκῶν δορυφόρων ἔπειθεν ἀναστάν-
τα βαδίζειν μετ᾽ αὐτοῦ πρὸς Ἀντίπατρον, ὡς δυσχερὲς πει-
σόμενον οὐδέν. ὁ δὲ Δημοσθένης ἐτύγχανεν ὄψιν ἑωρακὼς* 2 d
*κατὰ τοὺς ὕπνους ἐκείνης τῆς νυκτὸς ἀλλόκοτον. ἐδόκει γὰρ
ἀνταγωνίζεσθαι τῷ Ἀρχίᾳ τραγῳδίαν ὑποκρινόμενος,
εὐημερῶν δὲ καὶ κατέχων τὸ θέατρον ἐνδείᾳ παρασκευῆς
καὶ χορηγίας κρατεῖσθαι. διὸ τοῦ Ἀρχίου πολλὰ φιλάν-* 8
*θρωπα διαλεχθέντος, ἀναβλέψας πρὸς αὐτόν, ὥσπερ ἐτύγ-
χανε καθήμενος, ,,ὦ Ἀρχία‘‘ εἶπεν ,,οὔθ᾽ ὑποκρινόμενός με
πώποτ᾽ ἔπεισας, οὔτε νῦν πείσεις ἐπαγγελλόμενος.‘‘ ἀρ-
ξαμένου δ᾽ ἀπειλεῖν μετ᾽ ὀργῆς τοῦ Ἀρχίου ,,νῦν‘‘ ἔφη
,,λέγεις τὰ ἐκ τοῦ Μακεδονικοῦ τρίποδος, ἄρτι δ᾽ ὑπε-
κρίνου. μικρὸν οὖν ἐπίσχες, ὅπως ἐπιστείλω τι τοῖς οἴκοι.‘‘*
καὶ ταῦτ᾽ εἰπὼν ἐντὸς ἀνεχώρησε τοῦ ναοῦ, καὶ λαβὼν 4 e
*βιβλίον, ὡς γράφειν μέλλων προσήνεγκε τῷ στόματι τὸν
κάλαμον, καὶ δακών, ὥσπερ ἐν τῷ διανοεῖσθαι καὶ
γράφειν εἰώθει, χρόνον τινὰ κατέσχεν, εἶτα συγκαλυψά-
μενος ἀπέκλινε τὴν κεφαλήν. οἱ μὲν οὖν παρὰ τὰς* 5
*θύρας ἑστῶτες δορυφόροι κατεγέλων ὡς ἀποδειλιῶν-
τος αὐτοῦ, καὶ μαλακὸν ἀπεκάλουν καὶ ἄνανδρον, ὁ δ᾽
Ἀρχίας προσελθὼν ἀνίστασθαι παρεκάλει, καὶ τοὺς αὐ-
τοὺς ἀνακυκλῶν λόγους αὖθις ἐπηγγέλλετο διαλλαγὰς
πρὸς τὸν Ἀντίπατρον. ἤδη δὲ συνῃσθημένος ὁ Δημοσθένης* 6
*ἐμπεφυκότος αὐτῷ τοῦ φαρμάκου καὶ νεκροῦντος, ἐξεκα-
λύψατο καὶ ἀποβλέψας πρὸς τὸν Ἀρχίαν ,,οὐκ ἂν φθάνοις‘‘* f
*εἶπεν ,,ἤδη τὸν ἐκ τῆς τραγῳδίας ὑποκρινόμενος Κρέοντα
καὶ τὸ σῶμα τουτὶ ῥίπτων ἄταφον. ἐγὼ δ᾽ ὦ φίλε Πό-*

5 *σόμενον* ... 350 L ... 236 S

[(**N** U =)**N** (**ABCE** =)**Υ**] **1** *καλαυρία* **N** *καλαβρία* **Υ**, cf. p. 311,
9 ‖ **1.2** *ἐν²—Ποσειδῶνος* del. Benseler; ante *ἐν Καλαυρείᾳ* trp. Cast.
ἱερῷ τοῦ ποσειδῶνος **N** | *ὑπηρετικῶς* **N** ‖ **12** *ἔπεισας πώποτε* **Υ** ‖
13 *τοῦ ἀρχίου μετ᾽ ὀργῆς* **Υ** ‖ **18.19** *καὶ²—εἰώθει* om. **N** ‖ **20** *παρὰ*
Υ: *περὶ* **N** ‖ **20.21** *ταῖς θύραις* Rei. ‖ **22** *ἐκάλουν* **N** ‖ **23** *παρελ-
θὼν* **N** ‖ **26** *νεκροῦντος* **N**: *κρατοῦντος* **Υ** ‖ **27** *διαβλέψας* **Υ** Cast. ‖
29 *τοῦτο* **Υ**

σειδον ἔτι ζῶν ἐξίσταμαι τοῦ ἱεροῦ· τὸ δ᾽ ἐπ᾽ Ἀντιπάτρῳ
καὶ Μακεδόσιν οὐδ᾽ ὁ σὸς νεὼς καθαρὸς ἀπολέλειπται."
7 ταῦτα δ᾽ εἰπὼν καὶ κελεύσας ὑπολαβεῖν αὐτὸν ἤδη τρέ-
μοντα καὶ σφαλλόμενον, ἅμα τῷ προελθεῖν καὶ παραλ-
λάξαι τὸν βωμὸν ἔπεσε καὶ στενάξας ἀφῆκε τὴν ψυχήν. 5

860   **30.** Τὸ δὲ φάρμακον Ἀρίστων (I p. 87 n. 380 Arn.) μὲν ἐκ
τοῦ καλάμου φησὶ λαβεῖν αὐτόν, ὡς εἴρηται· Πάππος δέ
τις, οὗ τὴν ἱστορίαν Ἕρμιππος (FHG III 50) ἀνείληφε,
φησὶ πεσόντος αὐτοῦ παρὰ τὸν βωμὸν ἐν μὲν τῷ βιβλίῳ
γεγραμμένην ἐπιστολῆς ἀρχὴν εὑρεθῆναι „Δημοσθένης 10
2 Ἀντιπάτρῳ" καὶ μηδὲν ἄλλο· θαυμαζομένης δὲ τῆς περὶ
τὸν θάνατον ὀξύτητος, διηγήσασθαι τοὺς παρὰ ταῖς θύ-
ραις Θρᾷκας, ὡς ἔκ τινος ῥακίου λαβὼν εἰς τὴν χεῖρα
προσθοῖτο τῷ στόματι καὶ καταπίοι τὸ φάρμακον· αὐτοὶ
δ᾽ ἄρα χρυσίον ᾠήθησαν εἶναι τὸ καταπινόμενον· ἡ δ᾽ 351 L
ὑπηρετοῦσα παιδίσκη, πυνθανομένων τῶν περὶ τὸν Ἀρ- 16
b χίαν, φαίη πολὺν εἶναι χρόνον ἐξ οὗ φοροίη τὸν ἀπόδεσμον
3 ἐκεῖνον ὁ Δημοσθένης ὡς φυλακτήριον. Ἐρατοσθένης
(FGrH 241 F 31) δέ φησι καὶ αὐτὸς ἐν κρίκῳ κοίλῳ τὸ
φάρμακον φυλάττειν· τὸν δὲ κρίκον εἶναι τοῦτον αὐτῷ 20
4 φόρημα περιβραχιόνιον. τῶν δ᾽ ἄλλων ὅσοι γεγράφασι
περὶ αὐτοῦ — πάμπολλοι δ᾽ εἰσί — τὰς διαφορὰς οὐκ
ἀναγκαῖον ἐπεξιέναι· πλὴν ὅτι Δημοχάρης (FGrH 75 F 3)
ὁ τοῦ Δημοσθένους οἰκεῖος οἴεσθαί φησιν αὐτὸν οὐχ ὑπὸ
φαρμάκου, θεῶν δὲ τιμῇ καὶ προνοίᾳ τῆς Μακεδόνων 25
ὠμότητος ἐξαρπαγῆναι, συντόμως καταστρέψαντα καὶ
5 ἀλύπως. κατέστρεψε δ᾽ ἕκτῃ ἐπὶ δέκα τοῦ Πυανεψιῶνος
μηνός, ἐν ᾗ τὴν σκυθρωποτάτην τῶν Θεσμοφορίων ἡμέ-
ραν ἄγουσαι παρὰ τῇ θεῷ νηστεύουσιν αἱ γυναῖκες.

19 mor. 847 b

[(N U =)N (A B C E =) Υ] 1 ἐξανίσταμαι Υ | τοῦ ⟨σοῦ⟩ Zie. |
τὸ δὲ ἐπ᾽ N: τῷ δὲ Υ ‖ 2 ναος Υ ‖ 3 ταῦτ᾽ εἰπὼν Υ ‖ 7 λαβεῖν
φησιν Υ ‖ 10 γεγραμμένης: em. Reiske ‖ 12 διηγεῖσθαι Υ ‖
15 χρυσὸν Υ ‖ 19 καὶ αὐτὸς ἐν κρίκῳ φησὶ Υ |[καὶ] αὐτὸν Zie. ‖
20 φυλάσσειν Υ ‖ 21 περιβραχιόνιον Υ: περὶ τὸν βραχίονα N ‖
23 ἐπεξελθεῖν Υ | Δημοχάρης Lambinus: δημόχαρις

237 S   Τούτῳ μὲν οὖν ὀλίγον ὕστερον ὁ τῶν Ἀθηναίων δῆμος c
ἀξίαν ἀποδιδοὺς τιμήν, εἰκόνα τε χαλκῆν ἀνέστησε, καὶ τὸν
πρεσβύτατον ἐψηφίσατο τῶν ἀπὸ γένους ἐν Πρυτανείῳ
σίτησιν ἔχειν, καὶ τὸ ἐπίγραμμα τὸ θρυλούμενον ἐπιγρα-
5 φῆναι τῇ βάσει τοῦ ἀνδριάντος (PLG⁴ II p. 331)·

> εἴπερ ἴσην γνώμῃ ῥώμην Δημόσθενες ἔσχες,
>   οὔποτ᾽ ἂν Ἑλλήνων ἦρξεν Ἄρης Μακεδών.

οἱ γὰρ αὐτὸν τὸν Δημοσθένην τοῦτο ποιῆσαι λέγοντες 6
ἐν Καλαυρείᾳ, μέλλοντα τὸ φάρμακον προσφέρεσθαι, κο-
10 μιδῇ φλυαροῦσι.

352 L   **31.** Μικρῷ δὲ πρόσθεν ἢ παραβαλεῖν ἡμᾶς Ἀθήναζε
λέγεται τὸ τοιόνδε συμβῆναι. στρατιώτης ἐπὶ κρίσιν τινὰ d
καλούμενος ὑφ᾽ ἡγεμόνος, ὅσον εἶχε χρυσίδιον εἰς τὰς
χεῖρας ἐνέθηκε τοῦ ἀνδριάντος. ἕστηκε δὲ τοὺς δακτύλους 2
15 συνέχων δι᾽ ἀλλήλων, καὶ παραπέφυκεν οὐ μεγάλη
πλάτανος. ἀπὸ ταύτης πολλὰ τῶν φύλλων, εἴτε πνεύματος
ἐκ τύχης καταβαλόντος, εἴτ᾽ αὐτὸς οὕτως ὁ θεὶς ἐπεκά-
λυψε, περικείμενα καὶ συμπεσόντα λαθεῖν ἐποίησε τὸ
χρυσίον οὐκ ὀλίγον χρόνον. ὡς δ᾽ ὁ ἄνθρωπος ἐπανελθὼν 3
20 ἀνεῦρε, καὶ διεδόθη λόγος ὑπὲρ τούτου, πολλοὶ τῶν εὐ-
φυῶν ὑπόθεσιν λαβόντες εἰς τὸ ἀδωροδόκητον τοῦ Δη-
μοσθένους διημιλλῶντο τοῖς ἐπιγράμμασι.

   Δημάδην δὲ χρόνον οὐ πολὺν ἀπολαύσαντα μισουμέ- 4 e
νης δόξης ἡ Δημοσθένους δίκη κατήγαγεν εἰς Μακεδο- a. 319
25 νίαν, οὓς ἐκολάκευσεν αἰσχρῶς, ὑπὸ τούτων ἐξολούμενον
δικαίως, ἐπαχθῆ μὲν ὄντα καὶ πρότερον αὐτοῖς, τότε

---

2 mor. 847 a. d. e ‖ 6 cf. l. l. ap. Bergk ‖ 23 Plut. Phoc. 30,
9. 10 Diod. 18, 48, 1—4 Arr. succ. Al. 14. 15

[(NU =)N (ABCE =)Υ] 1 οὖν om. Υ ‖ 2 ἀποδοὺς N ‖
3 τῶν Υ: τὸν N ‖ 4 θρυλλούμενον libri, cf. Thes. p. 3, 10 |
ἐπεγράφη Υ ‖ 6 γνώμῃ ῥώμην N Phot. Zos. al.: ῥώμην γνώμῃ Υ
mor. 847a Suda | ἔσχες U: ἔσχε N εἶχες Υ ‖ 9 καλαυρίᾳ A καλα-
βρίᾳ cet., cf. p. 309, 1 ‖ 11 μικρὸν Υ ‖ 12 τὸ N: τι Υ ‖ 13 χρυ-
σίον N ‖ 14 ἀνέθηκε Υ ‖ 17 οὕτως Barton: οὗτος (an del. ?) |
ἐκάλυψε Υ ‖ 23 μισουμένης N: τῆς φυομένης Υ ‖ 25 ἐκολάκευεν Υ

5 δ᾽ εἰς αἰτίαν ἄφυκτον ἐμπεσόντα. γράμματα γὰρ ἐξέ-
πεσεν αὐτοῦ, δι᾽ ὧν παρεκάλει Περδίκκαν ἐπιχειρεῖν Μα-
κεδονίᾳ καὶ σῴζειν τοὺς Ἕλληνας, ὡς ἀπὸ σαπροῦ καὶ
παλαιοῦ στήμονος — λέγων τὸν Ἀντίπατρον — ἠρτημέ-
6 νους. ἐφ᾽ οἷς Δεινάρχου τοῦ Κορινθίου κατηγορήσαντος, 5
παροξυνθεὶς ὁ Κάσσανδρος ἐγκατέσφαξεν αὐτοῦ τῷ κόλπῳ
τὸν υἱόν, εἶθ᾽ οὕτως ἐκεῖνον ἀνελεῖν προσέταξε, [ἐν] τοῖς 238 S
μεγίστοις διδασκόμενον ἀτυχήμασιν, ὅτι πρώτους ἑαυ-
f τοὺς οἱ προδόται πωλοῦσιν, ὃ πολλάκις Δημοσθένους
προαγορεύοντος οὐκ ἐπίστευσε. 10

7 Τὸν μὲν οὖν Δημοσθένους ἀπέχεις ὦ Σόσσιε βίον ἐξ
ὧν ἡμεῖς ἀνέγνωμεν ἢ διηκούσαμεν.

ΚΙΚΕΡΩΝ 353 L

861 **1.** Κικέρωνος δὲ τὴν μὲν μητέρα λέγουσιν Ἑλβίαν καὶ
γεγονέναι καλῶς καὶ βεβιωκέναι, περὶ δὲ τοῦ πατρὸς 15
2 οὐδὲν ἦν πυθέσθαι μέτριον. οἱ μὲν γὰρ ἐν γναφείῳ τινὶ
b καὶ γενέσθαι καὶ τραφῆναι τὸν ἄνδρα λέγουσιν, οἱ δ᾽ εἰς
Τύλλον Ἄττιον ἀνάγουσι τὴν ἀρχὴν τοῦ γένους, βασιλεύ-
σαντα λαμπρῶς ἐν Οὐολούσκοις καὶ πολεμήσαντα Ῥω-
3 μαίοις οὐκ ἀδυνάτως. ὁ μέντοι πρῶτος ἐκ τοῦ γένους 20
Κικέρων ἐπονομασθεὶς ἄξιος λόγου δοκεῖ γενέσθαι· διὸ
τὴν ἐπίκλησιν οὐκ ἀπέρριψαν οἱ μετ᾽ αὐτόν, ἀλλ᾽ ἠσπά-
4 σαντο, καίπερ ὑπὸ πολλῶν χλευαζομένην. κίκερ γὰρ οἱ

Cf. Gudeman, the sources of Plutarch's life of Cicero, Public.
university Pennsylv. VIII 2 (1902) ‖ 14 cf. Cic. fam. 16, 26, 2
Hieron. Euseb. Chron. Olymp. 168 ‖ 16 Cass. D. 46, 4, 2 de vir.
ill. 81, 1 Sil. Ital. 8, 405 ‖ 23 Priscian. 2, 24 (GL II 58, 11) Plin.
n. h. 18, 10

[(NU =)N (ABCE =)Υ] 6 κάσανδρος N ‖ 7 ἐν del. Sch. ‖
10 προαγορεύσαντος N ‖ 11 ὦ om. Υ ‖ 15 καλῶς καὶ N: καὶ κα-
λῶς Υ ‖ 16 κναφείῳ Υ ‖ 17 καὶ¹ om. N ‖ 18 τύλλιον Υ τούλλιον
N; cf. p. 206, 7 v. l. | ἄππιον Υ λατῖνον N: em. Xy. | βασιλεύ-
σαντος N

34

Λατῖνοι τὸν ἐρέβινθον καλοῦσι, κἀκεῖνος ἐν τῷ πέ-
ρατι τῆς ῥινὸς διαστολὴν ὡς ἔοικεν ἀμβλεῖαν εἶχεν
ὥσπερ ἐρεβίνθου διαφυήν, ἀφ᾽ ἧς ἐκτήσατο τὴν ἐπωνυ-
μίαν. αὐτός γε μὴν Κικέρων, ὑπὲρ οὗ τάδε γέγραπται, 5
5 τῶν φίλων αὐτὸν οἰομένων δεῖν, ὅτε πρῶτον ἀρχὴν μετῄει c
καὶ πολιτείας ἥπτετο, φυγεῖν τοὔνομα καὶ μεταθέσθαι,
λέγεται νεανιευσάμενος εἰπεῖν, ὡς ἀγωνιεῖται τὸν Κικέ-
ρωνα τῶν Σκαύρων καὶ τῶν Κάτλων ἐνδοξότερον ἀπο-
δεῖξαι. ταμιεύων δ᾽ ἐν Σικελίᾳ καὶ τοῖς θεοῖς ἀνάθημα 6
10 ποιούμενος ἀργυροῦν, τὰ μὲν πρῶτα δύο τῶν ὀνομάτων
ἐπέγραψε, τόν τε Μᾶρκον καὶ τὸν Τύλλιον, ἀντὶ δὲ τοῦ
τρίτου σκώπτων ἐρέβινθον ἐκέλευσε παρὰ τὰ γράμματα
τὸν τεχνίτην ἐντορεῦσαι. ταῦτα μὲν οὖν περὶ τοῦ ὀνόμα-
τος ἱστόρηται.

15 2. Τεχθῆναι δὲ Κικέρωνα λέγουσιν ἀνωδύνως καὶ ἀπό-
νως λοχευθείσης αὐτοῦ τῆς μητρὸς ἡμέρᾳ τρίτῃ τῶν νέων
Καλανδῶν, ἐν ᾗ νῦν οἱ ἄρχοντες εὔχονται καὶ θύουσιν d
ὑπὲρ τοῦ ἡγεμόνος. τῇ δὲ τίτθῃ φάσμα δοκεῖ γενέσθαι
καὶ προειπεῖν ὡς ὄφελος μέγα πᾶσι Ῥωμαίοις ἐκτρε-
20 φούσῃ. ταῦτα δ᾽ ἄλλως ὀνείρατα καὶ φλύαρον εἶναι δοκοῦν- 2
τα ταχέως αὐτὸς ἀπέδειξε μαντείαν ἀληθινὴν ἐν ἡλικίᾳ
τοῦ μανθάνειν γενόμενος καὶ δι᾽ εὐφυΐαν ἐκλάμψας καὶ
λαβὼν ὄνομα καὶ δόξαν ἐν τοῖς παισίν, ὥστε τοὺς πατέρας
αὐτῶν ἐπιφοιτᾶν τοῖς διδασκαλείοις, ὄψει τε βουλομένους
25 ἰδεῖν τὸν Κικέρωνα καὶ τὴν ὑμνουμένην αὐτοῦ περὶ τὰς
μαθήσεις ὀξύτητα καὶ σύνεσιν ἱστορῆσαι, τοὺς δ᾽ ἀγροι- e
κοτέρους ὀργίζεσθαι τοῖς υἱέσιν, ὁρῶντας ἐν ταῖς ὁδοῖς
τὸν Κικέρωνα μέσον αὐτῶν ἐπὶ τιμῇ λαμβάνοντας. γενό- 3
μενος δ᾽, ὥσπερ ὁ Πλάτων (resp. 475 b) ἀξιοῖ τὴν φιλομαθῆ

Priscian. 2, 24 (GL II 58, 11) Plin. n. h. 18, 10 ‖ 4 mor.
204e ‖ 9 mor. 204e ‖ 16 Cic. Att. 7, 5, 3. 13, 42, 2 Brut. 161
Gell. 15, 28, 3

[(NU =)N (A B C E =)Υ] 2 ὡς ἔοικεν διαστολὴν N ‖ 10 δύο
τῶν N: τῶν δύο τῶν Υ ‖ 11 τούλλιον N ‖ 16 τῶν Υ: τῆς τῶν N | νέων]
Ἰανουαρίων Zie., cf. Mar. 12, 3. 45, 3 ‖ 21 ὑπέδειξε N ‖ 22 καὶ¹ om. Υ

καὶ φιλόσοφον φύσιν, οἷος ἀσπάζεσθαι πᾶν μάθημα καὶ
μηδὲν λόγου μηδὲ παιδείας ἀτιμάζειν εἶδος, ἐρρύη πως
προθυμότερον ἐπὶ ποιητικήν, καί τι καὶ διασῴζεται ποιη-
μάτιον ἔτι παιδὸς αὐτοῦ Πόντιος Γλαῦκος, ἐν τετραμέ-
4 τρῳ πεποιημένον. προϊὼν δὲ τῷ χρόνῳ καὶ ποικιλώτερον 5
ἁπτόμενος τῆς περὶ ταῦτα μούσης, ἔδοξεν οὐ μόνον ῥή-
5 τωρ, ἀλλὰ καὶ ποιητὴς ἄριστος εἶναι Ῥωμαίων. ἡ μὲν οὖν
f ἐπὶ τῇ ῥητορικῇ δόξα μέχρι νῦν διαμένει, καίπερ οὐ μι- 355 L
κρᾶς γεγενημένης περὶ τοὺς λόγους καινοτομίας, τὴν δὲ
ποιητικὴν αὐτοῦ, πολλῶν εὐφυῶν ἐπιγενομένων, παντά- 10
πασιν ἀκλεῆ καὶ ἄτιμον ἔρρειν συμβέβηκεν.

a. 90   **3.** Ἀπαλλαγεὶς δὲ τῶν ἐν παισὶ διατριβῶν, Φίλωνος
ἤκουσε τοῦ ἐξ Ἀκαδημείας, ὃν μάλιστα Ῥωμαῖοι τῶν
Κλειτομάχου συνήθων καὶ διὰ τὸν λόγον ἐθαύμασαν καὶ 240 S
2 διὰ τὸν τρόπον ἠγάπησαν. ἅμα δὲ τοῖς περὶ Μούκιον ἀν- 15
δράσι πολιτικοῖς καὶ πρωτεύουσι τῆς βουλῆς συνών, εἰς
862 ἐμπειρίαν τῶν νόμων ὠφελεῖτο, καί τινα χρόνον καὶ στρα-
a. 89 τείας μετέσχεν ὑπὸ Σύλλᾳ περὶ τὸν Μαρσικὸν πόλεμον.
3 εἶθ᾽ ὁρῶν εἰς στάσιν, ἐκ δὲ τῆς στάσεως εἰς ἄκρατον ἐμ-
πίπτοντα τὰ πράγματα μοναρχίαν, ἐπὶ τὸν σχολαστὴν καὶ 20
θεωρητικὸν ἀνελθὼν βίον Ἕλλησί τε συνῆν φιλολόγοις καὶ
προσεῖχε τοῖς μαθήμασιν, ἄχρι οὗ Σύλλας ἐκράτησε καὶ
a. 80 4 κατάστασίν τινα λαμβάνειν ἔδοξεν ἡ πόλις. ἐν δὲ τῷ
χρόνῳ τούτῳ Χρυσόγονος ἀπελεύθερος Σύλλα προσαγ-
γείλας τινὸς οὐσίαν, ὡς ἐκ προγραφῆς ἀναιρεθέντος, 25
5 αὐτὸς ἐωνήσατο δισχιλίων δραχμῶν. ἐπεὶ δὲ Ῥώσκιος ὁ
b υἱὸς καὶ κληρονόμος τοῦ τεθνηκότος ἠγανάκτει καὶ τὴν

---

12 Cic. Luc. 4. 11. 17 Brut. 306 ‖ 15 Cic. leg. 1, 13 Lael. 1.
Phil. 8, 31 ‖ 18 Cic. div. 1, 72. 2, 65 ‖ 23 Cic. Rosc. Amer. 6
passim

[(NU =)N (ABCE =)Υ] 3.4 διασώζεται post αὐτοῦ hab. Υ ‖
4 γλαύκιος N ‖ 5 ποικιλωτέρας Rei. ‖ 9 περὶ τοὺς λόγους γεγενη-
μένης N ‖ 16 συνὼν ante πολιτικοῖς hab. Υ ‖ 18 περὶ Υ: ἐπὶ N ‖
21 ἀνελθὼν Br.: ἀπελθὼν N ἐλθὼν Υ | τε om. Υ ‖ 24.25 προσαγ-
γείλαντός τινος Υ ‖ 25 ⟨Ῥωσκίου⟩ τινὸς Zie.

οὐσίαν ἐπεδείκνυε πεντήκοντα καὶ διακοσίων ταλάντων
ἀξίαν οὖσαν, ὅ τε Σύλλας ἐλεγχόμενος ἐχαλέπαινε καὶ δί-
κην πατροκτονίας ἐπῆγε τῷ Ῥωσκίῳ, τοῦ Χρυσογόνου
κατασκευάσαντος, ἐβοήθει δ᾽ οὐδείς, ἀλλ᾽ ἀπετρέποντο,
356 L τοῦ Σύλλα τὴν χαλεπότητα δεδοικότες, οὕτω δὴ δι᾽ ἐρη-
6 μίαν τοῦ μειρακίου τῷ Κικέρωνι προσφυγόντος οἱ φίλοι
συμπαρώρμων, ὡς οὐκ ἂν αὐτῷ λαμπροτέραν αὖθις ἀρχὴν
πρὸς δόξαν ἑτέραν οὐδὲ καλλίω γενησομένην. ἀναδεξάμενος 6
οὖν τὴν συνηγορίαν καὶ κατορθώσας ἐθαυμάσθη, δεδιὼς
10 δὲ τὸν Σύλλαν ἀπεδήμησεν εἰς τὴν Ἑλλάδα, διασπείρας c
λόγον ὡς τοῦ σώματος αὐτῷ θεραπείας δεομένου. καὶ γὰρ a. 79
ἦν ὄντως τὴν ἕξιν ἰσχνὸς καὶ ἄσαρκος, ἀρρωστίᾳ τοῦ στο-
μάχου μικρὰ καὶ γλίσχρα μόλις ὀψὲ τῆς ὥρας προσφερό-
μενος· ἡ δὲ φωνὴ πολλὴ μὲν καὶ ἀγαθή, σκληρὰ δὲ καὶ
15 ἄπλαστος, ὑπὸ δὲ τοῦ λόγου σφοδρότητα καὶ πάθος ἔχον-
τος ἀεὶ διὰ τῶν ἄνω τόνων ἐλαυνομένη, φόβον παρεῖχεν
ὑπὲρ τοῦ σώματος.

241 S **4.** Ἀφικόμενος δ᾽ εἰς Ἀθήνας Ἀντιόχου τοῦ Ἀσκαλωνίτου
διήκουσε, τῇ μὲν εὐροίᾳ τῶν λόγων αὐτοῦ καὶ τῇ χάριτι
20 κηλούμενος, ἃ δ᾽ ἐν τοῖς δόγμασιν ἐνεωτέριζεν, οὐκ ἐπαι-
νῶν. ἤδη γὰρ ἐξίστατο τῆς νέας λεγομένης Ἀκαδημείας 2
ὁ Ἀντίοχος καὶ τὴν Καρνεάδου στάσιν ἐγκατέλειπεν, εἴτε d
καμπτόμενος ὑπὸ τῆς ἐναργείας καὶ τῶν αἰσθήσεων, εἴθ᾽,
ὥς φασιν ἔνιοι, φιλοτιμίᾳ τινὶ καὶ διαφορᾷ πρὸς τοὺς Κλει-
25 τομάχου καὶ Φίλωνος συνήθεις τὸν Στωικὸν ἐκ μεταβολῆς
θεραπεύων λόγον ἐν τοῖς πλείστοις. ὁ δὲ Κικέρων ἐκεῖν᾽ 3
ἠγάπα κἀκείνοις προσεῖχε μᾶλλον, διανοούμενος, εἰ παν-

---

10 de vir. ill. 81, 2 Cic. Brut. 313 sq. ‖ 18 Cic. Acad.
1, 13 Luc. 1, 9. 113 nat. deor. 1, 6 Cass. D. 46, 7, 2 de vir.
ill. 81, 2

[(NU =)N (A B C E =)Υ] 1 ἀπεδείκνυε Υ ‖ 2 οὖσαν ἀξίαν Υ ‖
3 τῶ ῥωστικίῳ N ‖ 7 συμπαρώρμουν N ‖ λαμπρότερον N ‖ 8 γε-
νησομένην] γενομένην Naber (ἂν v. 7 del. Hude) ‖ 12 τὴν ἕξιν om.
Υ ‖ τοῦ om. Υ ‖ 13 μόλις N: μόγις Υ ‖ 14 μὲν ⟨οὖσα⟩ Zie. ‖
19 τῇ² om. Υ ‖ 22 ἐγκατέλιπεν: em. Steph. ‖ 23 ἐναργείας A B:
ἐνεργείας N C E ‖ καὶ del. Sch.

τάπασιν ἐκπέσοι τοῦ τὰ κοινὰ πράσσειν, δεῦρο μετενεγ-
κάμενος τὸν βίον ἐκ τῆς ἀγορᾶς καὶ τῆς πολιτείας ἐν ἡσυ-
4 χίᾳ μετὰ φιλοσοφίας καταζῆν. ἐπεὶ δ' αὐτῷ Σύλλας τε 357 L
προσηγγέλθη τεθνηκώς, καὶ τὸ σῶμα τοῖς γυμνασίοις
e ἀναρρωννύμενον εἰς ἕξιν ἐβάδιζε νεανικήν, ἥ τε φωνὴ λαμ- 5
βάνουσα πλάσιν ἡδεῖα μὲν πρὸς ἀκοὴν ἐτέθραπτο καὶ πολ-
λή, μετρίως δὲ πρὸς τὴν ἕξιν τοῦ σώματος ἥρμοστο, πολλὰ
μὲν τῶν ἀπὸ Ῥώμης φίλων γραφόντων καὶ δεομένων, πολ-
λὰ δ' Ἀντιόχου παρακελευομένου τοῖς κοινοῖς ἐπιβαλεῖν
πράγμασιν, αὖθις ὥσπερ ὄργανον ἐξηρτύετο τὸν ῥητορι- 10
κὸν λόγον καὶ ἀνεκίνει τὴν πολιτικὴν δύναμιν, αὑτόν τε
ταῖς μελέταις διαπονῶν καὶ τοὺς ἐπαινουμένους μετιὼν
5 ῥήτορας. ὅθεν εἰς Ἀσίαν καὶ Ῥόδον ἔπλευσε, καὶ τῶν μὲν
Ἀσιανῶν ῥητόρων Ξενοκλεῖ τῷ Ἀδραμυττηνῷ καὶ Διονυ-
f σίῳ τῷ Μάγνητι καὶ Μενίππῳ τῷ Καρὶ συνεσχόλασεν, ἐν 15
δὲ Ῥόδῳ ῥήτορι μὲν Ἀπολλωνίῳ τῷ Μόλωνος, φιλοσόφῳ
6 δὲ Ποσειδωνίῳ. λέγεται δὲ τὸν Ἀπολλώνιον οὐ συνιέντα
τὴν Ῥωμαϊκὴν διάλεκτον δεηθῆναι τοῦ Κικέρωνος Ἑλλη-
νιστὶ μελετῆσαι· τὸν δ' ὑπακοῦσαι προθύμως, οἰόμενον
7 οὕτως ἔσεσθαι βελτίονα τὴν ἐπανόρθωσιν· ἐπεὶ δ' ἐμε- 20
λέτησε, τοὺς μὲν ἄλλους ἐκπεπλῆχθαι καὶ διαμιλλᾶσθαι 242 S
πρὸς ἀλλήλους τοῖς ἐπαίνοις, τὸν δ' Ἀπολλώνιον οὔτ' ἀκρο-
ώμενον αὐτοῦ διαχυθῆναι, καὶ παυσαμένου σύννουν καθέ-
863 ζεσθαι πολὺν χρόνον· ἀχθομένου δὲ τοῦ Κικέρωνος εἰπεῖν·
„σὲ μὲν ὦ Κικέρων ἐπαινῶ καὶ θαυμάζω, τῆς δ' Ἑλλάδος 25
οἰκτίρω τὴν τύχην, ὁρῶν, ἃ μόνα τῶν καλῶν ἡμῖν ὑπελεί- 358 L
πετο, καὶ ταῦτα Ῥωμαίοις διὰ σοῦ προσγινόμενα, παιδείαν
καὶ λόγον.“

13 Plut. Caes. 3, 1 Cic. Brut. 315. 316 Planc. 84 ‖ 17 de vir.
ill. 81, 2

[(NU =)N (A B C E =)Υ] 1. 2 δεῦρο—πολιτείας om. N ‖
6 πολλή] ποικίλη Hanov ἀπαλὴ Rei. Kron. ‖ 7 ἥρμοστο τοῦ σώ-
ματος Υ ‖ 9 ἐπιβάλλειν N ‖ 10 ἐξήρτυε: em. Madvig ‖ 14 ἀδρα-
μυττηνῷ N: ἀδραμυτηνῷ U ἀδραμυττινῷ Υ ‖ 15 μελανίππω N̄ ‖
20 ἐπεὶ δὲ οὕτως ἐμελέτησε N ‖ 24 ἀχθομένου N: ἀρχομένου Υ ǀ
κικέρωνος εὐθὺς εἰπεῖν N ‖ 26 ὑπελίπετο Υ ‖ 27 προσγενόμενα Υ

5. Ὁ δ᾽ οὖν Κικέρων ἐλπίδων μεστὸς ἐπὶ τὴν πολιτείαν a. 77
φερόμενος, ὑπὸ χρησμοῦ τινος ἀπημβλύνθη τὴν ὁρμήν.
ἐρομένῳ γὰρ αὐτῷ τὸν ἐν Δελφοῖς θεὸν ὅπως ἂν ἐνδοξό-
τατος γένοιτο, προσέταξεν ἡ Πυθία τὴν ἑαυτοῦ φύσιν,
5 ἀλλὰ μὴ τὴν τῶν πολλῶν δόξαν ἡγεμόνα ποιεῖσθαι τοῦ
βίου. καὶ τόν γε πρῶτον ἐν Ῥώμῃ χρόνον εὐλαβῶς διῆγε 2
καὶ ταῖς ἀρχαῖς ὀκνηρῶς προσῄει καὶ παρημελεῖτο, ταῦτα
δὴ τὰ Ῥωμαίων τοῖς βαναυσοτάτοις πρόχειρα καὶ συνήθη b
ῥήματα Γραικὸς καὶ σχολαστικὸς ἀκούων. ἐπεὶ δὲ καὶ 3
10 φύσει φιλότιμος ὢν καὶ παροξυνόμενος ὑπὸ τοῦ πατρὸς
καὶ τῶν φίλων ἐπέδωκεν εἰς τὸ συνηγορεῖν ἑαυτόν, οὐκ
ἠρέμα τῷ πρωτείῳ προσῆλθεν, ἀλλ᾽ εὐθὺς ἐξέλαμψε τῇ
δόξῃ καὶ διέφερε πολὺ τῶν ἀγωνιζομένων ἐπ᾽ ἀγορᾶς.
λέγεται δὲ καὶ αὐτὸς οὐδὲν ἧττον νοσήσας τοῦ Δημο- 4
15 σθένους περὶ τὴν ὑπόκρισιν, τοῦτο μὲν Ῥωσκίῳ τῷ κωμῳ-
δῷ, τοῦτο δ᾽ Αἰσώπῳ τῷ τραγῳδῷ προσέχειν ἐπιμελῶς.
τὸν δ᾽ Αἴσωπον τοῦτον ἱστοροῦσιν ὑποκρινόμενον ἐν θεά- 5
τρῳ τὸν περὶ τῆς τιμωρίας τοῦ Θυέστου βουλευόμενον c
Ἀτρέα, τῶν ὑπηρετῶν τινος ἄφνω παραδραμόντος, ἔξω
20 τῶν ἑαυτοῦ λογισμῶν διὰ τὸ πάθος ὄντα τῷ σκήπτρῳ πατά-
ξαι καὶ ἀνελεῖν. οὐ μικρὰ δὴ πρὸς τὸ πείθειν ὑπῆρχεν ἐκ 6
τοῦ ὑποκρίνεσθαι ῥοπὴ τῷ Κικέρωνι, καὶ τούς γε τῷ
359 L μέγα βοᾶν χρωμένους ῥήτορας ἐπισκώπτων, ἔλεγε δι᾽ ἀσθέ-
243 S νειαν ἐπὶ τὴν κραυγὴν ὥσπερ χωλοὺς ἐφ᾽ ἵππον πηδᾶν.
25 ἡ δὲ περὶ τὰ σκώμματα καὶ τὴν παιδιὰν ταύτην εὐτρα-
πελία δικανικὸν μὲν ἐδόκει καὶ γλαφυρὸν εἶναι, χρώμενος
δ᾽ αὐτῇ κατακόρως, πολλοὺς ἐλύπει καὶ κακοηθείας ἐλάμ-
βανε δόξαν.

9 Cass. D. 46, 18, 1 ‖ 17 cf. Cic. divin. 1, 80 ‖ 21—24 Phot.
bibl. 395a ‖ 22 mor. 204e

[(NU =)N (ABCE =)Υ] 1 δ᾽ οὖν N: γοῦν Υ | ἐλπίδος N ‖ 3 ἂν
om. Υ ‖ 6 γε N: τε Υ ‖ 9 καί² om. Υ ‖ 12 προσῆγεν Υ ‖
15 περί N: πρός Υ ‖ 21 δή N: δέ Υ | ὑπῆρχεν] προσῆν Phot. ‖
22 γε om. Phot. ‖ 22.23 τῷ μέγα βοᾶν mor.: τῶ (τὰ N) μεγάλα
βοᾶν N Phot. τῶ βοᾶν μεγάλα Υ ‖ 24 τοὺς χωλοὺς Phot. ‖ 25 παι-
δείαν N ‖ 26 εἶναι om. Υ

d
a. 75 **6.** Ἀποδειχθεὶς δὲ ταμίας ἐν σιτοδείᾳ καὶ λαχὼν Σικε-
λίαν, ἠνώχλησε τοῖς ἀνθρώποις ἐν ἀρχῇ, σῖτον εἰς Ῥώμην
ἀποστέλλειν ἀναγκαζομένοις. ὕστερον δὲ τῆς ἐπιμελείας
καὶ οἰκαιοσύνης καὶ πραότητος αὐτοῦ πεῖραν λαμβάνον-
2 τες, ὡς οὐδένα τῶν πώποθ᾽ ἡγεμόνων ἐτίμησαν. ἐπεὶ δὲ 5
πολλοὶ τῶν ἀπὸ Ῥώμης νέων ἔνδοξοι καὶ γεγονότες καλῶς,
αἰτίαν ἔχοντες ἀταξίας καὶ μαλακίας περὶ τὸν πόλεμον,
ἀνεπέμφθησαν ἐπὶ τὸν στρατηγὸν τῆς Σικελίας, συνεῖπεν
3 αὐτοῖς ὁ Κικέρων ἐπιφανῶς καὶ περιεποίησεν. ἐπὶ τούτοις
οὖν μέγα φρονῶν, εἰς Ῥώμην βαδίζων γελοῖόν τι παθεῖν 10
e φησι (pro Planc. 26, 64). συντυχὼν γὰρ ἀνδρὶ τῶν ἐπιφανῶν
φίλῳ δοκοῦντι περὶ Καμπανίαν, ἐρέσθαι τίνα δὴ τῶν πε-
πραγμένων ὑπ᾽ αὐτοῦ λόγον ἔχουσι Ῥωμαῖοι καὶ τί φρονοῦ-
σιν, ὡς ὀνόματος καὶ δόξης τῶν πεπραγμένων αὐτῷ τὴν
4 πόλιν ἅπασαν ἐμπεπληκώς· τὸν δ᾽ εἰπεῖν· ,,ποῦ γὰρ ἦς 15
ὦ Κικέρων τὸν χρόνον τοῦτον;'' τότε μὲν οὖν ἐξαθυμῆσαι
παντάπασιν, εἴ γε καθάπερ εἰς πέλαγος ἀχανὲς τὴν πόλιν
ἐμπεσὼν ὁ περὶ αὐτοῦ λόγος οὐδὲν εἰς δόξαν ἐπίδηλον
πεποίηκεν· ὕστερον δὲ λογισμὸν αὐτῷ διδοὺς πολὺ τῆς
φιλοτιμίας ὑφελεῖν, ὡς πρὸς ἀόριστον πρᾶγμα τὴν δόξαν 360 L
f 5 ἀμιλλώμενος καὶ πέρας ἐφικτὸν οὐκ ἔχουσαν. οὐ μὴν 21
ἀλλὰ τό γε χαίρειν ἐπαινούμενον διαφερόντως καὶ πρὸς
δόξαν ἐμπαθέστερον ἔχειν ἄχρι παντὸς αὐτῷ παρέ-
μεινε καὶ πολλοὺς πολλάκις τῶν ὀρθῶν ἐπετάραξε
λογισμῶν.   25

7. Ἁπτόμενος δὲ τῆς πολιτείας προθυμότερον, αἰσχρὸν
ἡγεῖτο τοὺς μὲν βαναύσους, ὀργάνοις χρωμένους καὶ σκεύ- 244 S
εσιν ἀψύχοις, μηδενὸς ἀγνοεῖν ὄνομα μηδὲ χώραν ἢ δύνα-
864 μιν αὐτῶν, τὸν δὲ πολιτικόν, ᾧ δι᾽ ἀνθρώπων αἱ κοιναὶ
πράξεις περαίνονται, ῥᾳθύμως καὶ ἀμελῶς ἔχειν περὶ τὴν 30

[(NU =)N (A B C E =)Υ] **3** ἀναγκαζομένοις U: ἀναγκαζόμενος
NΥ ‖ **16** οὖν αὐτὸν N ‖ **17** γε om. Υ ‖ **19** αὐτῶ N: ἑαυτῶ Υ ‖
20 ὑφελεῖν Wytt.: ὑφεῖλεν ‖ **21** οὐκ ἐφικτὸν Υ ‖ **22** διαφερόντως
Υ: οὐ δεόντως N ‖ **24** πολλοὺς del. et ἐξετάραξε scr. Rei. alii,
sed cf. mor. 788e ‖ **27** βαναύσοις N | καὶ σκεύεσιν χρωμένους N ‖
28 χώραν] χρείαν Cor.

40

τῶν πολιτῶν γνῶσιν. ὅθεν οὐ μόνον τῶν ὀνομάτων μνη- 2
μονεύειν εἴθιζεν ἑαυτόν, ἀλλὰ καὶ τὸν τόπον ἐν ᾧ τῶν γνω-
ρίμων ἕκαστος οἰκεῖ, καὶ χωρίον ὃ κέκτηται, καὶ φίλους
οἷστισι χρῆται καὶ γείτονας γινώσκειν, καὶ πᾶσαν ὁδὸν
5 τῆς Ἰταλίας διαπορευομένῳ Κικέρωνι πρόχειρον ἦν εἰπεῖν
καὶ ἐπιδεῖξαι τοὺς τῶν φίλων ἀγροὺς καὶ τὰς ἐπαύλεις.
οὐσίαν δὲ μικρὰν μέν, ἱκανὴν δὲ καὶ ταῖς δαπάναις ἐπαρκῆ 3
κεκτημένος, ἐθαυμάζετο μήτε μισθοὺς μήτε δῶρα προσ-
ιέμενος ἀπὸ τῆς συνηγορίας, μάλιστα δ᾽ ὅτε τὴν κατὰ
10 Βέρρου δίκην ἀνέλαβε. τοῦτον γὰρ στρατηγὸν γεγονότα
τῆς Σικελίας καὶ πολλὰ πεπονηρευμένον τῶν Σικελιω-
τῶν διωκόντων εἷλεν, οὐκ εἰπών, ἀλλ᾽ ἐξ αὐτοῦ τρόπον
τινὰ τοῦ μὴ εἰπεῖν. τῶν γὰρ στρατηγῶν τῷ Βέρρῃ χαρι- 5
ζομένων καὶ τὴν κρίσιν ὑπερθέσεσι καὶ διακρούσεσι πολ-
361 L λαῖς εἰς τὴν ὑστάτην ἐκβαλλόντων, ὡς ἦν πρόδηλον ὅτι
16 τοῖς λόγοις ὁ τῆς ἡμέρας οὐκ ἐξαρκέσει χρόνος οὐδὲ λήψε-
ται πέρας ἡ κρίσις, ἀναστὰς ὁ Κικέρων ἔφη μὴ δεῖσθαι
λόγων, ἀλλ᾽ ἐπαγαγὼν τοὺς μάρτυρας καὶ ἀνακρίνας, ἐκέ-
λευσε φέρειν τὴν ψῆφον τοὺς δικαστάς. ὅμως δὲ πολλὰ 6 c
20 χαρίεντα διαμνημονεύεται καὶ περὶ ἐκείνην αὐτοῦ τὴν δίκην.
βέρρην γὰρ οἱ Ῥωμαῖοι τὸν ἐκτετμημένον χοῖρον καλοῦ-
σιν. ὡς οὖν ἀπελευθερικὸς ἄνθρωπος ἔνοχος τῷ ἰουδαΐ-
ζειν ὄνομα Κεκίλιος ἐβούλετο παρωσάμενος τοὺς Σικελι-
ώτας κατηγορεῖν τοῦ Βέρρου, „τί Ἰουδαίῳ πρὸς χοῖρον;“
25 ἔφη ὁ Κικέρων. ἦν δὲ τῷ Βέρρῃ ἀντίπαις υἱὸς οὐκ ἐλευ- 7
θερίως δοκῶν προΐστασθαι τῆς ὥρας. λοιδορηθεὶς οὖν ὁ
Κικέρων εἰς μαλακίαν ὑπὸ τοῦ Βέρρου, „τοῖς υἱοῖς“ εἶπεν
245 S „ἐντὸς θυρῶν δεῖ λοιδορεῖσθαι.“ τοῦ δὲ ῥήτορος Ὁρτη- 8

a. 70
4 b

---

1 cf. Cic. Mur. 3, 77 ‖ 25 mor. 204 f Arsen. 412 Apostol.
14, 82

[(N U =) N (A B C E =) Υ] 1 πολιτικῶν Υ ‖ 1.2 εἴθιζε μνημο-
νεύειν Υ ‖ 2 αὐτὸν Υ | τὸν om. Υ ‖ 3 ᾤκει N | ὃ C: οὗ cet. ‖
4 ἐγίνωσκε Υ ‖ 5 τῆς om. Υ ‖ 14 κρίσιν N: δίκην Υ | καὶ δια-
κρούσεσι N: καὶ διακρήσεσι A, om. cet. | πολλάκις N ‖ 18 ἐπά-
γων N | ἐπικρίνας Υ | ἐκέλευε N ‖ 21 τὸν μὴ ἐκτετμημένον Am. ‖
22 τῷ Υ: τοῦ N ‖ 24 χοίρειον N ‖ 25 ὁ del. Sint. Li. ‖ 28 ὀρτην-
σίου (sed p. 351, 9 ὀρτήσιον) N

σίου τὴν μὲν εὐθεῖαν τῷ Βέρρῃ συνειπεῖν μὴ θελήσαντος,
d ἐν δὲ τῷ τιμήματι πεισθέντος παραγενέσθαι καὶ λαβόντος
ἐλεφαντίνην Σφίγγα μισθόν, εἶπέ τι πλαγίως ὁ Κικέρων
πρὸς αὐτόν· τοῦ δὲ φήσαντος αἰνιγμάτων λύσεως ἀπείρως
ἔχειν, ,,καὶ μὴν ἐπὶ τῆς οἰκίας" ἔφη ,,τὴν Σφίγγα ἔχεις". 5

8. Οὕτω δὲ τοῦ Βέρρου καταδικασθέντος, ἑβδομήκοντα
πέντε μυριάδων τιμησάμενος τὴν δίκην ὁ Κικέρων δια-
βολὴν ἔσχεν, ὡς ἐπ' ἀργυρίῳ τὸ τίμημα καθυφειμένος.
2 οὐ μὴν ἀλλ' οἱ Σικελιῶται χάριν εἰδότες ἀγορανομοῦντος
a. 69 αὐτοῦ πολλὰ μὲν ἄγοντες ἀπὸ τῆς νήσου, πολλὰ δὲ φέροντες 10
ἧκον, ὧν οὐδὲν ἐποιήσατο κέρδος, ἀλλ' ὅσον ἐπευωνίσαι 362 L
τὴν ἀγορὰν ἀπεχρήσατο τῇ φιλοτιμίᾳ τῶν ἀνθρώπων.

e 3 Ἐκέκτητο δὲ χωρίον καλὸν ἐν Ἄρποις, καὶ περὶ Νέαν
πόλιν ἦν ἀγρὸς καὶ περὶ Πομπηίους ἕτερος, οὐ μεγάλοι,
φερνή τε Τερεντίας τῆς γυναικὸς προσεγένετο μυριάδων 15
δώδεκα, καὶ κληρονομία τις εἰς ἐννέα συναχθεῖσα δηνα-
4 ρίων μυριάδας. ἀπὸ τούτων ἐλευθερίως ἅμα καὶ σωφρό-
νως διῆγε μετὰ τῶν συμβιούντων Ἑλλήνων καὶ Ῥωμαίων
φιλολογῶν, σπάνιον εἴ ποτε πρὸ δυσμῶν ἡλίου κατακλι-
νόμενος, οὐχ οὕτω δι' ἀσχολίαν ὡς διὰ τὸ σῶμα τῷ στο- 20
5 μάχῳ μοχθηρῶς διακείμενον. ἦν δὲ καὶ τὴν ἄλλην περὶ τὸ
σῶμα θεραπείαν ἀκριβὴς καὶ περιττός, ὥστε καὶ τρίψεσι
f καὶ περιπάτοις ἀριθμῷ τεταγμένοις χρῆσθαι, καὶ τοῦτον
τὸν τρόπον διαπαιδαγωγῶν τὴν ἕξιν ἄνοσον καὶ διαρκῆ
πρὸς πολλοὺς καὶ μεγάλους ἀγῶνας καὶ πόνους συνεῖχεν. 25
6 οἰκίαν δὲ τὴν μὲν πατρῴαν τῷ ἀδελφῷ παρεχώρησεν,
αὐτὸς δ' ᾤκει περὶ τὸ Παλάτιον ὑπὲρ τοῦ μὴ μακρὰν βαδί-
ζοντας ἐνοχλεῖσθαι τοὺς θεραπεύοντας αὐτόν. ἐθεράπευ-

---

1 mor. 205b Quintil. 6, 3, 98. 10, 1. 23 Plin. n. h. 34, 48 ‖
6 Ps.-Ascon. p. 106 ‖ 15 cf. Cic. Att. 2, 4, 5 ‖ 21 Cic. Att. 2,
23, 1 ‖ 27 Cic. fam. 5, 6, 2 al.

[(N U =)N (A B C E =)Υ] 1 τολμήσαντος Υ ‖ 2 τμήματι N ‖
3 ἐλεφαντίνην] ἀργυρᾶν mor. aeneam Quintil., cf. Plin. ‖
4 λύσεως N mor.: λύσεων Υ ‖ 5 ἔφη N mor.: om. Υ ‖ 11 ἐπευω-
νῆσαι N ‖ 16 δώδεκα N: δέκα Υ ·‖ δηναρίων συναχθεῖσα Υ ‖
19 φιλολόγων Υ ‖ 23 καὶ² om. Υ

42

ὃν δὲ καθ᾽ ἡμέραν ἐπὶ θύρας φοιτῶντες οὐκ ἐλάσσονες ἢ
246 S Κράσσον ἐπὶ πλούτῳ καὶ Πομπήιον διὰ τὴν ἐν τοῖς στρα- 865
τεύμασι δύναμιν, θαυμαζομένους μάλιστα Ῥωμαίων καὶ
μεγίστους ὄντας. Πομπήιος δὲ καὶ Κικέρωνα ἐθεράπευε, 7
5 καὶ μέγα πρὸς δύναμιν αὐτῷ καὶ δόξαν ἡ Κικέρωνος συνέ-
πραξε πολιτεία.

9. Στρατηγίαν δὲ μετιόντων ἅμα σὺν αὐτῷ πολλῶν καὶ
γενναίων, πρῶτος ἁπάντων ἀνηγορεύθη, καὶ τὰς κρίσεις a. 66
363 L ἔδοξε καθαρῶς καὶ καλῶς βραβεῦσαι. λέγεται δὲ καὶ Λικί- 2
10 νιος Μᾶκερ, ἀνὴρ καὶ καθ᾽ αὑτὸν ἰσχύων ἐν τῇ πόλει μέγα
καὶ Κράσσῳ χρώμενος βοηθῷ, κρινόμενος κλοπῆς ἐπ᾽
αὐτοῦ, τῇ δὲ δυνάμει καὶ σπουδῇ πεποιθώς, ἔτι τὴν ψῆφον
τῶν κριτῶν διαφερόντων, ἀπαλλαγεὶς οἴκαδε κείρασθαί b
τε τὴν κεφαλὴν κατὰ τάχος καὶ καθαρὸν ἱμάτιον λαβὼν
15 ὡς νενικηκὼς αὖθις εἰς ἀγορὰν προϊέναι, τοῦ δὲ Κράσσου
περὶ τὴν αὔλειον ἀπαντήσαντος αὐτῷ καὶ φράσαντος ὅτι
πάσαις ἑάλωκε ταῖς ψήφοις, ἀναστρέψας καὶ κατακλινεὶς
ἀποθανεῖν. τὸ δὲ πρᾶγμα τῷ Κικέρωνι δόξαν ἤνεγκεν ὡς
ἐπιμελῶς βραβεύσαντι τὸ δικαστήριον.
20 Ἐπεὶ δὲ Οὐατίνιος, ἀνὴρ ἔχων τι τραχὺ καὶ πρὸς τοὺς 3
ἄρχοντας ὀλίγωρον ἐν ταῖς συνηγορίαις, χοιράδων δὲ τὸν
τράχηλον περίπλεως, ἠτεῖτό τι καταστὰς παρὰ τοῦ Κικέ-
ρωνος, καὶ μὴ διδόντος, ἀλλὰ βουλευομένου πολὺν χρό-
νον, εἶπεν ὡς οὐκ ἂν αὐτός γε διστάσειε περὶ τούτου στρα- c
25 τηγῶν, ἐπιστραφεὶς ὁ Κικέρων „ἀλλ᾽ ἔγωγε" εἶπεν „οὐκ
ἔχω τηλικοῦτον τράχηλον."

7 Cic. Brut. 321 leg. Manil. 2 tog. cand. fr. 5 in Pis. 2 ||
9 cf. Val. Max. 9, 12, 7 Cic. Att. 1, 4, 2 || 20 cf. cap. 26, 3 Cic.
Vatin. 4, 10. 39 Att. 2, 9, 2

[(NU =)N (A B C E =)Υ] 1 ἐλάττονες Υ || 4 ἐθεράπευε δὲ
Κικέρωνα καὶ Πομπήιος Sint. || 5 μεγάλα Υ || 8 γενναίων N: με-
γάλων Υ || 9 καὶ² om. N | λικίννιος (sed p. 351, 7 λικινίω) Υ ||
11 ἐπ᾽ Cob.: ὑπ᾽ || 12 δὲ om. Υ || 14 κεφαλὴν καὶ κατὰ τάχος N ||
14. 15 ὡς νενικηκὼς λαβὼν Υ || 16 αὔλιον N || 20 Οὐατίνιος Steph.:
σουατίνιος N οὐατίνος Υ || 22 τι om. N || 24 εἰπεῖν Υ | γε om. Υ |
νυστάσειε Sickinger Erbse Mus. Rhen. 100, 290 || 25 ἐγώ Υ

4 Ἔτι δ᾽ ἡμέρας δύο ἢ τρεῖς ἔχοντι τῆς ἀρχῆς αὐτῷ προσ-
ήγαγέ τις Μανίλιον εὐθύνων κλοπῆς. ὁ δὲ Μανίλιος οὗτος
εὔνοιαν εἶχε καὶ σπουδὴν ὑπὸ τοῦ δήμου, δοκῶν ἐλαύνε-
5 σθαι διὰ Πομπήιον· ἐκείνου γὰρ ἦν φίλος. αἰτουμένου δ᾽
ἡμέρας αὐτοῦ, μίαν ὁ Κικέρων μόνην τὴν ἐπιοῦσαν ἔδωκε, 5
καὶ ὁ δῆμος ἠγανάκτησεν, εἰθισμένων τῶν στρατηγῶν
6 δέκα τοὐλάχιστον ἡμέρας διδόναι τοῖς κινδυνεύουσι. τῶν 364 L
d δὲ δημάρχων ἀγαγόντων αὐτὸν ἐπὶ τὸ βῆμα καὶ κατη- 247 S
γορούντων, ἀκουσθῆναι δεηθεὶς εἶπεν, ὅτι τοῖς κινδυνεύ-
ουσιν ἀεί, καθ᾽ ὅσον οἱ νόμοι παρείκουσι, κεχρημένος 10
ἐπιεικῶς καὶ φιλανθρώπως, δεινὸν ἡγεῖτο τῷ Μανιλίῳ
ταῦτὰ μὴ παρασχεῖν· ἧς οὖν ἔτι μόνης κύριος ἦν ἡμέρας
στρατηγῶν, ταύτην ἐπίτηδες ὁρίσαι· τὸ γὰρ εἰς ἄλλον
ἄρχοντα τὴν κρίσιν ἐκβαλεῖν οὐκ εἶναι βουλομένου βοηθεῖν.
7 ταῦτα λεχθέντα θαυμαστὴν ἐποίησε τοῦ δήμου μεταβολήν, 15
καὶ πολλὰ κατευφημοῦντες αὐτόν, ἐδέοντο τὴν ὑπὲρ τοῦ
Μανιλίου συνηγορίαν ἀναλαβεῖν. ὁ δ᾽ ὑπέστη προθύμως,
e οὐχ ἥκιστα διὰ Πομπήιον ἀπόντα, καὶ καταστὰς πάλιν
ἐξ ὑπαρχῆς ἐδημηγόρησε, νεανικῶς τῶν ὀλιγαρχικῶν καὶ
τῷ Πομπηίῳ φθονούντων καθαπτόμενος. 20

10. Ἐπὶ δὲ τὴν ὑπατείαν οὐχ ἧττον ὑπὸ τῶν ἀριστο-
κρατικῶν ἢ τῶν πολλῶν προήχθη, διὰ τὴν πόλιν ἐξ αἰτίας
2 αὐτῷ τοιᾶσδε συναγωνισαμένων. τῆς ὑπὸ Σύλλα γενο-
μένης μεταβολῆς περὶ τὴν πολιτείαν ἐν ἀρχῇ μὲν ἀτόπου
φανείσης τοῖς πολλοῖς, τότε δ᾽ ὑπὸ χρόνου καὶ συνηθείας 25
ἤδη τινὰ κατάστασιν ἔχειν οὐ φαύλην δοκούσης, ἦσαν οἱ
τὰ παρόντα διασεῖσαι καὶ μεταθεῖναι ζητοῦντες ἰδίων
ἕνεκα πλεονεξιῶν, οὐ πρὸς τὸ βέλτιστον, Πομπηίου μὲν
f ἔτι τοῖς βασιλεῦσιν ἐν Πόντῳ καὶ Ἀρμενίᾳ διαπολεμοῦντος,

---

1 Q. Cic. pet. cons. 51 Ascon. Cornel. 53. 58 Cass. D. 36, 44, 1

[(N U =)N (A B C E =)Υ] 2 μανιάλιον N | μανιάλιος N ‖
5 ἡμέραν N ‖ 8 ἀγαγόντων αὐτὸν N: αὐτὸν διαγαγόντων Υ ‖ 11 μα-
νιαλίῳ N ‖ 12 ταῦτὰ Sol.: ταῦτα | ἧς Υ U²: ἦν N U¹ ‖ 14 βουλο-
μένῳ Υ ‖ 16 αὐτὸν om. N ‖ 17 μανιαλίου N ‖ 20 τῷ N: τῶν Υ ‖
23 τοιαύτης Υ ‖ 25 τότε δὲ (δὲ om. N) τοῖς πολλοῖς: trp. Zie. ‖
28 βέλτιον N | μὲν om. N ‖ 29 πολεμοῦντος Υ

ἐν δὲ τῇ Ῥώμῃ μηδεμιᾶς ὑφεστώσης πρὸς τοὺς νεωτερί-
365 L ζοντας ἀξιομάχου δυνάμεως. οὗτοι κορυφαῖον εἶχον ἄνδρα 3
τολμητὴν καὶ μεγαλοπράγμονα καὶ ποικίλον τὸ ἦθος,
Λεύκιον Κατιλίναν, ὃς αἰτίαν ποτὲ πρὸς ἄλλοις ἀδική-
5 μασι μεγάλοις ἔλαβε παρθένῳ συγγεγονέναι θυγατρί,
κτείνας δ᾽ ἀδελφὸν αὐτοῦ καὶ δίκην ἐπὶ τούτῳ φοβού-
μενος, ἔπεισε Σύλλαν ὡς ἔτι ζῶντα τὸν ἄνθρωπον ἐν τοῖς 866
ἀποθανουμένοις προγράψαι. τοῦτον οὖν προστάτην οἱ πονη- 4
248 S ροὶ λαβόντες, ἄλλας τε πίστεις ἔδοσαν ἀλλήλοις καὶ κατα-
10 θύσαντες ἄνθρωπον ἐγεύσαντο τῶν σαρκῶν. διέφθαρτο
δ᾽ ὑπ᾽ αὐτοῦ πολὺ μέρος τῆς ἐν τῇ πόλει νεότητος, ἡδονὰς
καὶ πότους καὶ γυναικῶν ἔρωτας ἀεὶ προξενοῦντος ἑκάστῳ
καὶ τὴν εἰς ταῦτα δαπάνην ἀφειδῶς παρασκευάζοντος.
ἐπῆρτο δ᾽ ἥ τε Τυρρηνία πρὸς ἀπόστασιν ὅλη καὶ τὰ πολλὰ 5
15 τῆς ἐντὸς Ἄλπεων Γαλατίας. ἐπισφαλέστατα δ᾽ ἡ Ῥώμη
πρὸς μεταβολὴν εἶχε διὰ τὴν ἐν ταῖς οὐσίαις ἀνωμαλίαν,
τῶν μὲν ἐν δόξῃ μάλιστα καὶ φρονήματι κατεπτωχευμένων b
εἰς θέατρα καὶ δεῖπνα καὶ φιλαρχίας καὶ οἰκοδομίας, τῶν
δὲ πλούτων εἰς ἀγεννεῖς καὶ ταπεινοὺς συνερρυηκότων
20 ἀνθρώπους, ὥστε μικρᾶς ῥοπῆς δεῖσθαι τὰ πράγματα καὶ
πᾶν εἶναι τοῦ τολμήσαντος ἐκστῆσαι τὴν πολιτείαν, αὐτὴν
ὑφ᾽ αὑτῆς νοσοῦσαν.

11. Οὐ μὴν ἀλλὰ βουλόμενος ὁ Κατιλίνας ἰσχυρόν τι προ-
καταλαβεῖν ὁρμητήριον, ὑπατείαν μετήει, καὶ λαμπρὸς ἦν
25 ταῖς ἐλπίσιν ὡς Γαΐῳ Ἀντωνίῳ συνυπατεύσων, ἀνδρὶ καθ᾽
αὑτὸν μὲν οὔτε πρὸς τὸ βέλτιον οὔτε πρὸς τὸ χεῖρον ἡγε-
366 L μονικῷ, προσθήκῃ δ᾽ ἄγοντος ἑτέρου δυνάμεως ἐσομένῳ.
ταῦτα δὴ τῶν καλῶν καὶ ἀγαθῶν ἀνδρῶν οἱ πλεῖστοι 2

2 Sall. Cat. 5 Cic. in Cat. 3, 17 al. ‖ 4 Cic. tog. cand. fr. 23
Plut. Sull. 32, 3 ‖ 8 Sall. Cat. 22 Cass. D. 37, 30, 3

[(N U =)N (A B C E =)Υ] 5 θυγατρί συγγεγονέναι N ‖ 6 κτεί-
ναι Υ ‖ 7 ὡς om. N ‖ 8 προσγράψαι N ‖ οὖν Υ U: om. N ‖
9 ἀλλήλοις ἔδοσαν Υ ‖ 14 τυραννία N ‖ 18 οἰκονομίας N ‖ 19 ἀγεννεῖς
Υ U: ἀγενεῖς N ‖ 21 πᾶν N: παντὸς Υ τὸ πᾶν Zie. | ἐκστῆναι Υ ‖
23 τι om. N | προσκαταλαβεῖν N ‖ 27 προσθήκη Parisinus 1674
(προσθήκῃ Wytt.): προσθήκην N Υ | ἐσομένου Υ ‖ 28 ἀνδρῶν om. Υ

c προαισθόμενοι, τὸν Κικέρωνα προῆγον ἐπὶ τὴν ὑπατείαν,
καὶ τοῦ δήμου δεξαμένου προθύμως, ὁ μὲν Κατιλίνας ἐξέ-
3 πεσε, Κικέρων δὲ καὶ Γάιος Ἀντώνιος ἠρέθησαν. καίτοι
τῶν μετιόντων ὁ Κικέρων μόνος ἦν ἐξ ἱππικοῦ πατρός, οὐ
βουλευτοῦ, γεγονώς. 5

a. 63 **12.** Καὶ τὰ μὲν περὶ Κατιλίναν ἔμελλεν ἔτι, τοὺς πολ-
λοὺς λανθάνοντα, προάγωνες δὲ μεγάλοι τὴν Κικέρωνος
2 ὑπατείαν ἐξεδέξαντο. τοῦτο μὲν γὰρ οἱ κεκωλυμένοι κατὰ
τοὺς Σύλλα νόμους ἄρχειν, οὔτ' ἀσθενεῖς ὄντες οὔτ' ὀλί-
γοι, μετιόντες ἀρχὰς ἐδημαγώγουν, πολλὰ τῆς Σύλλα 10
τυραννίδος ἀληθῆ μὲν καὶ δίκαια κατηγοροῦντες, οὐ μὴν 249 S
d ἐν δέοντι τὴν πολιτείαν οὐδὲ σὺν καιρῷ κινοῦντες, τοῦτο
δὲ νόμους εἰσῆγον οἱ δήμαρχοι πρὸς τὴν αὐτὴν ὑπόθεσιν,
δεκαδαρχίαν καθιστάντες ἀνδρῶν αὐτοκρατόρων, οἷς
ἐφεῖτο πάσης μὲν Ἰταλίας, πάσης δὲ Συρίας καὶ ὅσα διὰ 15
Πομπηίου νεωστὶ προσώριστο, κυρίους ὄντας πωλεῖν τὰ
δημόσια, κρίνειν οὓς δοκοίη, φυγάδας ἐκβάλλειν, συνοι-
κίζειν πόλεις, χρήματα λαμβάνειν ἐκ τοῦ ταμιείου, στρατιώ-
3 τας τρέφειν καὶ καταλέγειν ὁπόσων δέοιντο. διὸ καὶ τῷ
νόμῳ προσεῖχον ἄλλοι τε τῶν ἐπιφανῶν καὶ πρῶτος 20
Ἀντώνιος ὁ τοῦ Κικέρωνος συνάρχων, ὡς τῶν δέκα γενησό-
e μενος· ἐδόκει δὲ καὶ τὸν Κατιλίνα νεωτερισμὸν εἰδὼς οὐ
4 δυσχεραίνειν ὑπὸ πλήθους δανείων. ὃ μάλιστα τοῖς ἀρί-
στοις φόβον παρεῖχε. καὶ τοῦτο πρῶτον θεραπεύων ὁ Κικέ-
ρων, ἐκείνῳ μὲν ἐψηφίσατο τῶν ἐπαρχιῶν Μακεδονίαν, 367 L
ἑαυτῷ δὲ τὴν Γαλατίαν διδομένην παρῃτήσατο, καὶ κατειρ- 26
γάσατο τῇ χάριτι ταύτῃ τὸν Ἀντώνιον ὥσπερ ὑποκριτὴν
5 ἔμμισθον αὐτῷ τὰ δεύτερα λέγειν ὑπὲρ τῆς πατρίδος. ὡς
δ' οὗτος ἑαλώκει καὶ χειροήθης ἐγεγόνει, μᾶλλον ἤδη

---

4 Ascon. tog. cand. p. 64 St. ‖ 13 Cic. or. de leg. agr. 1—3
al. ‖ 24 Cic. Pis. 2,5 Sall. Cat. 26,4 Cass. Dio 37,33,4

[(**N U** =)**N** (**A B C E** =)Υ] 1 ἦγον **N** ‖ 6 ἔμενεν: em. Sint. ‖
8 ὑπατείαν Υ: πολιτείαν **N** | ἐδέξαντο **N** ‖ 14 αὐτοκρατόρων ἀν-
δρῶν Υ ‖ 15 ἐφεῖτο Υ: ἐφοβεῖτο **N** | ὅση **N** ‖ 24 τοῦτον **N** ‖
26 αὐτῶ Υ

θαρρῶν ὁ Κικέρων ἐνίστατο πρὸς τοὺς καινοτομοῦντας. ἐν μὲν οὖν τῇ βουλῇ κατηγορίαν τινὰ τοῦ νόμου διαθέμενος, οὕτως ἐξέπληξεν αὐτοὺς τοὺς εἰσφέροντας, ὥστε μηδέν᾽ ἀντιλέγειν. ἐπεὶ δ᾽ αὖθις ἐπεχείρουν καὶ παρασκευ- 6 f
5 ασάμενοι προεκαλοῦντο τοὺς ὑπάτους ἐπὶ τὸν δῆμον, οὐδὲν ὑποδείσας ὁ Κικέρων, ἀλλὰ τὴν βουλὴν ἔπεσθαι κελεύσας καὶ προελθών, οὐ μόνον ἐκεῖνον ἐξέβαλε τὸν νόμον, ἀλλὰ καὶ τῶν ἄλλων ἀπογνῶναι τοὺς δημάρχους ἐποίησε, παρὰ τοσοῦτον τῷ λόγῳ κρατηθέντας ὑπ᾽ αὐτοῦ.

10 **13.** Μάλιστα γὰρ οὗτος ὁ ἀνὴρ ἐπέδειξε Ῥωμαίοις, 867 ὅσον ἡδονῆς λόγος τῷ καλῷ προστίθησι, καὶ ὅτι τὸ δίκαιον ἀήττητόν ἐστιν, ἂν ὀρθῶς λέγηται, καὶ δεῖ τὸν ἐμ-
250 8 μελῶς πολιτευόμενον ἀεὶ τῷ μὲν ἔργῳ τὸ καλὸν ἀντὶ τοῦ κολακεύοντος αἱρεῖσθαι, τῷ δὲ λόγῳ τὸ λυποῦν ἀφαιρεῖν
15 τοῦ συμφέροντος. δεῖγμα δ᾽ αὐτοῦ τῆς περὶ τὸν λόγον 2 χάριτος καὶ τὸ παρὰ τὰς θέας ἐν τῇ ὑπατείᾳ γενόμενον. τῶν γὰρ ἱππικῶν πρότερον ἐν τοῖς θεάτροις ἀναμεμειγμένων τοῖς πολλοῖς καὶ μετὰ τοῦ δήμου θεωμένων ὡς ἔτυχε, πρῶτος διέκρινεν ἐπὶ τιμῇ τοὺς ἱππέας ἀπὸ τῶν
20 ἄλλων πολιτῶν Μᾶρκος Ὄθων στρατηγῶν, καὶ κατένειμεν ἰδίαν ἐκείνοις θέαν, ἣν ἔτι καὶ νῦν ἐξαίρετον ἔχουσι. b
368 L τοῦτο πρὸς ἀτιμίαν ὁ δῆμος ἔλαβε, καὶ φανέντος ἐν τῷ θεά- 3 τρῳ τοῦ Ὄθωνος ἐφυβρίζων ἐσύριττεν, οἱ δ᾽ ἱππεῖς ὑπέλαβον κρότῳ τὸν ἄνδρα λαμπρῶς· αὖθις δ᾽ ὁ δῆμος ἐπέτεινε τὸν
25 συριγμόν, εἶτ᾽ ἐκεῖνοι τὸν κρότον. ἐκ δὲ τούτου τραπό- 4 μενοι πρὸς ἀλλήλους ἐχρῶντο λοιδορίαις, καὶ τὸ θέατρον ἀκοσμία κατεῖχεν. ἐπεὶ δ᾽ ὁ Κικέρων ἧκε πυθόμενος, καὶ τὸν δῆμον ἐκκαλέσας πρὸς τὸ τῆς Ἐννοῦς ἱερὸν ἐπετίμησε καὶ παρῄνεσεν, ἀπελθόντες εἰς τὸ θέατρον αὖθις

15 Cic. p. Mur. 40 Att. 2, 1, 3 Ascon. in Corn. p. 70 K.—S. Liv. per. 99 Vell. 2, 32, 3 Hor. epod. 4, 15 c. Porph. Cass. D. 36, 42, 1 Plin. n. h. 7, 117

[(N U =)N (A B C E =)Υ] 2 διατιθέμενος Υ ‖ 4 μηδένα N: μηδέν Υ | παρεσκευασμένοι Υ ‖ 7 προσελθὼν N | ἐκεῖνον om. Υ ‖ 16 παρὰ N: περὶ Υ ‖ 18 θεωρουμένων N ‖ 20 διένειμεν Υ ‖ 21 ἐκείνοις ἰδίαν (ἰδία U)N | καὶ om. N ‖ 22 ἀτιμίας Υ | τῷ om. Υ ‖ 24 ὑπ- έτεινε N ‖ 28 ἐννυοῦς A ‖ 29 ἀπελθόντες Υ: οἱ δὲ ἀπελθόντες N | αὖθις εἰς τὸ θέατρον Υ

ἐκρότουν τὸν Ὄθωνα λαμπρῶς, καὶ πρὸς τοὺς ἱππέας
ἅμιλλαν ἐποιοῦντο περὶ τιμῶν καὶ δόξης τοῦ ἀνδρός.

c **14.** Ἡ δὲ περὶ τὸν Κατιλίναν συνωμοσία, πτήξασα καὶ
καταδείσασα τὴν ἀρχήν, αὖθις ἀνεθάρρει, καὶ συνῆγον
ἀλλήλους καὶ παρεκάλουν εὐτολμότερον ἅπτεσθαι τῶν 5
πραγμάτων πρὶν ἐπανελθεῖν Πομπήιον, ἤδη λεγόμενον
2 ὑποστρέφειν μετὰ τῆς δυνάμεως. μάλιστα δὲ τὸν Κατιλί-
ναν ἐξηρέθιζον οἱ Σύλλα πάλαι στρατιῶται, διαπεφυκό-
τες μὲν ὅλης τῆς Ἰταλίας, πλεῖστοι δὲ καὶ μαχιμώτατοι
ταῖς Τυρρηνίσιν ἐγκατεσπαρμένοι πόλεσιν, ἁρπαγὰς δὲ 10
πάλιν καὶ διαφορήσεις πλούτων ἑτοίμων ὀνειροπολοῦν-
3 τες. οὗτοι γὰρ ἡγεμόνα Μάλλιον ἔχοντες, ἄνδρα τῶν
ἐπιφανῶς ὑπὸ Σύλλα στρατευσαμένων, συνίσταντο τῷ
d Κατιλίνᾳ καὶ παρῆσαν εἰς Ῥώμην συναρχαιρεσιάσοντες. 251 S
ὑπατείαν γὰρ αὖθις μετήει, βεβουλευμένος ἀνελεῖν τὸν 15
4 Κικέρωνα περὶ αὐτὸν τὸν τῶν ἀρχαιρεσιῶν θόρυβον. ἐδόκει 369 L
δὲ καὶ τὸ δαιμόνιον προσημαίνειν τὰ πρασσόμενα σεισμοῖς
καὶ κεραυνοῖς καὶ φάσμασιν. αἱ δ᾽ ἀπ᾽ ἀνθρώπων μηνύ-
σεις ἀληθεῖς μὲν ἦσαν, οὔπω δ᾽ εἰς ἔλεγχον ἀποχρῶσαι
κατ᾽ ἀνδρὸς ἐνδόξου καὶ δυναμένου μέγα τοῦ Κατιλίνα· 20
5 διὸ τὴν ἡμέραν τῶν ἀρχαιρεσιῶν ὑπερθέμενος ὁ Κικέρων
ἐκάλει τὸν Κατιλίναν εἰς τὴν σύγκλητον καὶ περὶ τῶν
6 λεγομένων ἀνέκρινεν. ὁ δὲ πολλοὺς οἰόμενος εἶναι
τοὺς πραγμάτων καινῶν ἐφιεμένους ἐν τῇ βουλῇ, καὶ ἅμα
e τοῖς συνωμόταις ἐνδεικνύμενος, ἀπεκρίνατο τῷ Κικέ- 25
ρωνι μανικὴν ἀπόκρισιν. „τί γάρ" ἔφη „πράττω δεινόν,
εἰ δυοῖν σωμάτων ὄντων, τοῦ μὲν ἰσχνοῦ καὶ κατε-

7 Cass. D. 37, 30, 4 App. civ. 2, 2, 4 sq. ‖ 15 Cic. p. Sull. 51
Cat. 1, 11. 15 Cass. D. 37, 29, 2 ‖ 16 Cass. D. 37, 9, 1 ‖ 26 Cic.
Mur. 51 Cass. D. 37, 29, 3 sq.

[(N U =)N (A B C E =) Υ] 3. 4 καὶ καταδείσασα om. N ‖ 4, 5 συν-
ῆγον πρὸς ἀλλήλους N ‖ 8 διαπεφευγότες: em. Wytt. ‖ 10 τυρ-
ρηνίσιν N: τυρρηνικαῖς vel τυραννικαῖς Υ | δὲ om. Υ ‖ 12 μάλιον
Υ ‖ 13 συστρατευσαμένων N | συνίστατο N ‖ 16 αὐτὸν τῶν ἀρχαι-
ρεσιῶν τὸν θόρυβον Υ ‖ 17 τῷ πρασσομένῳ N ‖ 18 καί¹ Υ: τε καὶ
N ‖ 26 ὑπόκρισιν Υ | post ἀπόκρισιν add. ἐν τούτῳ N ‖ 27 δυεῖν Υ

48

φθινηκότος, ἔχοντος δὲ κεφαλήν, τοῦ δ᾽ ἀκεφάλου μέν,
ἰσχυροῦ δὲ καὶ μεγάλου, τούτῳ κεφαλὴν αὐτὸς ἐπιτίθημι·" τούτων εἴς τε τὴν βουλὴν καὶ τὸν δῆμον ᾐνιγμένων ὑπ᾽ 7
αὐτοῦ, μᾶλλον ὁ Κικέρων ἔδεισε, καὶ τεθωρακισμένον
5 αὐτὸν οἵ τε δυνατοὶ πάντες ἀπὸ τῆς οἰκίας καὶ τῶν νέων
πολλοὶ κατῆγον εἰς τὸ πεδίον. τοῦ δὲ θώρακος ἐπίτηδες 8
ὑπέφαινέ τι παραλύσας ἐκ τῶν ὤμων τοῦ χιτῶνος, ἐνδεικνύμενος τοῖς ὁρῶσι τὸν κίνδυνον. οἱ δ᾽ ἠγανάκτουν καὶ f
συνεστρέφοντο περὶ αὐτόν, καὶ τέλος ἐν ταῖς ψήφοις τὸν
10 μὲν Κατιλίναν αὖθις ἐξέβαλον, εἵλοντο δὲ Σιλανὸν ὕπατον
καὶ Μουρήναν.

15. Οὐ πολλῷ δ᾽ ὕστερον τούτων ἤδη τῷ Κατιλίνᾳ
τῶν ἐν Τυρρηνίᾳ στρατευμάτων συνερχομένων καὶ καταλοχιζομένων, καὶ τῆς ὡρισμένης πρὸς τὴν ἐπίθεσιν ἡμέρας
370 L ἐγγὺς οὔσης, ἧκον ἐπὶ τὴν Κικέρωνος οἰκίαν περὶ μέσας 868
16 νύκτας ἄνδρες οἱ πρῶτοι καὶ δυνατώτατοι Ῥωμαίων,
Μᾶρκός τε Κράσσος καὶ Μᾶρκος Μάρκελλος καὶ Σκιπίων
Μέτελλος, κόψαντες δὲ τὰς θύρας καὶ καλέσαντες τὸν θυ
252 S ρωρόν, ἐκέλευον ἐπεγεῖραι καὶ φράσαι Κικέρωνι τὴν παρ
20 ουσίαν αὐτῶν. ἦν δὲ τοιόνδε· τῷ Κράσσῳ μετὰ δεῖπνον 2
ἐπιστολὰς ἀποδίδωσιν ὁ θυρωρός, ὑπὸ δή τινος ἀνθρώπου
κομισθείσας ἀγνῶτος, ἄλλας ἄλλοις ἐπιγεγραμμένας, αὐτῷ
δὲ Κράσσῳ μίαν ἀδέσποτον. ἣν μόνην ἀναγνοὺς ὁ Κράσσος, 3
ὡς ἔφραζε τὰ γράμματα φόνον γενησόμενον πολὺν διὰ
25 Κατιλίνα καὶ παρῄνει τῆς πόλεως ὑπεξελθεῖν, τὰς ἄλλας b
οὐκ ἔλυσεν, ἀλλ᾽ ἧκεν εὐθὺς πρὸς τὸν Κικέρωνα, πληγεὶς
ὑπὸ τοῦ δεινοῦ καί τι καὶ τῆς αἰτίας ἀπολυόμενος, ἣν
ἔσχε διὰ φιλίαν τοῦ Κατιλίνα. βουλευσάμενος οὖν ὁ Κικέ 4

15 Plut. Crass. 13, 4 Cass. D. 37, 31, 1 ‖ 28 Cic. Cat. 1, 1, 3.
2, 4 Sall. Cat. 29, 2 Cass. D. 37, 31, 1. 2

[(NU =)N(ABCE =)Υ] 1 τοῦ—2 κεφαλὴν om. N ‖ 2 αὐτὸς
⟨αὐτὸν⟩ Sch. (solum ἐμαυτὸν Wytt.) ‖ 6 κατῆγον N : κατήγαγον
Υ ‖ 7 τοὺς χιτῶνας U ‖ 11 μουρίναν N ‖ 13 στρατευμάτων Zie.:
πραγμάτων N om. Υ (στρατιωτῶν P. de Nolhac Graux στασιωτῶν
Hude ταγμάτων Erbse) ‖ 22 ἀγνώστου Υ ‖ 25 κατιλίναν: em.
Emp. ‖ 27 καί τι καὶ N : καί τι vel καί τοι Υ | ἀποδυόμενος: em. Sol.

ρων ἅμ᾽ ἡμέρᾳ βουλὴν συνήγαγε, καὶ τὰς ἐπιστολὰς κο-
μίσας ἀπέδωκεν οἷς ἦσαν ἐπεσταλμέναι, κελεύσας φανε-
ρῶς ἀναγνῶναι. πᾶσαι δ᾽ ὁμοίως τὴν ἐπιβουλὴν ἔφραζον.
5 ἐπεὶ δὲ καὶ Κόιντος Ἄρριος, ἀνὴρ στρατηγικός, εἰσήγ-
γελλε τοὺς ἐν Τυρρηνίᾳ καταλοχισμούς, καὶ Μάλλιος 5
ἀπηγγέλλετο σὺν χειρὶ μεγάλῃ περὶ τὰς πόλεις ἐκείνας
αἰωρούμενος ἀεί τι προσδοκᾶν καινὸν ἀπὸ τῆς Ῥώμης,
c γίνεται δόγμα τῆς βουλῆς παρακαταθέσθαι τοῖς ὑπάτοις τὰ
πράγματα, δεξαμένους δ᾽ ἐκείνους ὡς ἐπίστανται διοι-
κεῖν καὶ σῴζειν τὴν πόλιν. τοῦτο δ᾽ οὐ πολλάκις, ἀλλ᾽ ὅταν 10
τι μέγα δείσῃ, ποιεῖν εἴωθεν ἡ σύγκλητος.

16. Ἐπεὶ δὲ ταύτην λαβὼν τὴν ἐξουσίαν ὁ Κικέρων τὰ
μὲν ἔξω πράγματα Κοΐντῳ Μετέλλῳ διεπίστευσε, τὴν δὲ 371 L
πόλιν εἶχε διὰ χειρὸς καὶ καθ᾽ ἡμέραν προῄει δορυφορού-
μενος ὑπ᾽ ἀνδρῶν τοσούτων τὸ πλῆθος, ὥστε τῆς ἀγορᾶς 15
πολὺ μέρος κατέχειν ἐμβάλλοντος αὐτοῦ τοὺς παραπέμ-
ποντας, οὐκέτι καρτερῶν τὴν μέλλησιν ὁ Κατιλίνας, αὐτὸς
d μὲν ἐκπηδᾶν ἔγνω πρὸς τὸν Μάλλιον ἐπὶ τὸ στράτευμα, [καὶ]
Μάρκιον δὲ καὶ Κέθηγον ἐκέλευσε ξίφη λαβόντας ἐλθεῖν
ἐπὶ τὰς θύρας ἕωθεν ὡς ἀσπασομένους τὸν Κικέρωνα καὶ 20
2 διαχρήσασθαι προσπεσόντας. τοῦτο Φουλβία, γυνὴ τῶν 253 S
ἐπιφανῶν, ἐξήγγειλε τῷ Κικέρωνι, νυκτὸς ἐλθοῦσα καὶ
3 διακελευσαμένη φυλάττεσθαι τοὺς περὶ τὸν Κέθηγον. οἱ
δ᾽ ἧκον ἅμ᾽ ἡμέρᾳ, καὶ κωλυθέντες εἰσελθεῖν ἠγανάκτουν
καὶ κατεβόων ἐπὶ ταῖς θύραις, ὥσθ᾽ ὑποπτότεροι γενέ- 25
σθαι. προελθὼν δ᾽ ὁ Κικέρων ἐκάλει τὴν σύγκλητον εἰς τὸ
τοῦ Στησίου Διὸς ἱερόν, ὃν Στάτορα Ῥωμαῖοι καλοῦσιν,

---

12 Cic. Cat. 2, 26 fam. 5, 2, 4sq. ‖ 18 Cass. D. 37, 32 App. civ.
2, 3, 10 Cic. in Cat. 1, 9 p. Sull. 18. 52 Sall. Cat. 28

[(NU =)N(ABCE =)Υ] 3 πᾶσαι δ᾽ ἦσαν ὁμοίως ἐπιβουλὴν
φράζουσαι Υ ‖ 4 καὶ om. N | εἰσήγγειλε N ἀπήγγελλε Υ ‖ 5 μά-
λιος Υ ‖ 8 παρακατατίθεσθαι Υ ‖ 11 μέγα om. U | δείσῃ] δέος
ἢ Naber cl. p. 359, 15 (unde μέγα τι Ha.) ‖ 16 ἐμβαλόντος N ‖
18 καὶ del. Cor. ‖ 22 ἐξαγγέλλει Υ ‖ 25 ταῖς om. Υ ‖ 27 ἐτησίου
N | στάτωρα Υ

ἱδρυμένον ἐν ἀρχῇ τῆς ἱερᾶς ὁδοῦ πρὸς τὸ Παλάτιον ἀνιόν-
των. ἐνταῦθα καὶ τοῦ Κατιλίνα μετὰ τῶν ἄλλων ἐλθόντος 4 θ
ὡς ἀπολογησομένου, συγκαθίσαι μὲν οὐδεὶς ὑπέμεινε τῶν
συγκλητικῶν, ἀλλὰ πάντες ἀπὸ τοῦ βάθρου μετῆλθον.
5 ἀρξάμενος δὲ λέγειν ἐθορυβεῖτο, καὶ τέλος ἀναστὰς ὁ 5
Κικέρων προσέταξεν αὐτῷ τῆς πόλεως ἀπαλλάττεσθαι·
δεῖν γὰρ αὐτοῦ μὲν ἐν λόγοις, ἐκείνου δ᾽ ἐν ὅπλοις πολιτευο-
μένου, μέσον εἶναι τὸ τεῖχος. ὁ μὲν οὖν Κατιλίνας 6
εὐθὺς ἐξελθὼν μετὰ τριακοσίων ὁπλοφόρων, καὶ περι-
372 L στησάμενος αὐτῷ ῥαβδουχίας ὡς ἄρχοντι καὶ πελέκεις
11 καὶ σημαίας ἐπαράμενος, πρὸς τὸν Μάλλιον ἐχώρει, καὶ f
δισμυρίων ὁμοῦ τι συνηθροισμένων ἐπῄει τὰς πόλεις
ἀφιστὰς καὶ ἀναπείθων, ὥστε τοῦ πολέμου φανεροῦ γε-
γονότος τὸν Ἀντώνιον ἀποσταλῆναι διαμαχούμενον.

15   **17.** Τοὺς δ᾽ ὑπολειφθέντας ἐν τῇ πόλει τῶν διεφθαρμέ-
νων ὑπὸ τοῦ Κατιλίνα συνῆγε καὶ παρεθάρρυνε Κορνή-
λιος Λέντλος Σούρας ἐπίκλησιν, ἀνὴρ γένους μὲν ἐνδόξου,
βεβιωκὼς δὲ φαύλως καὶ δι᾽ ἀσέλγειαν ἐξεληλαμένος τῆς
βουλῆς πρότερον, τότε δὲ στρατηγῶν τὸ δεύτερον, ὡς
20 ἔθος ἐστὶ τοῖς ἐξ ὑπαρχῆς ἀνακτωμένοις τὸ βουλευτικὸν
ἀξίωμα. λέγεται δὲ καὶ τὴν ἐπίκλησιν αὐτῷ γενέσθαι τὸν 2 869
Σούραν ἐξ αἰτίας τοιαύτης. ἐν τοῖς κατὰ Σύλλαν χρόνοις
ταμιεύων, συχνὰ τῶν δημοσίων χρημάτων ἀπώλεσε καὶ
254 S διέφθειρεν. ἀγανακτοῦντος δὲ τοῦ Σύλλα καὶ λόγον ἀπαι- 3
25 τοῦντος ἐν τῇ συγκλήτῳ, προελθὼν ὀλιγώρως πάνυ
καὶ καταφρονητικῶς, λόγον μὲν οὐκ ἔφη διδόναι, παρεῖχε
δὲ τὴν κνήμην, ὥσπερ εἰώθασιν οἱ παῖδες ὅταν ἐν τῷ σφαιρί-
ζειν διαμάρτωσιν. ἐκ τούτου Σούρας παρωνομάσθη· σού- 4

2 Cic. in Cat. 1, 16. 2, 12 ǁ 5 Cic. in Cat. 1, 10˙ ǁ 18 Cass.
D. 37, 30, 4 Vell. 2, 34, 4

[(N U ═)N (A B C E ═)Υ] 4 τῆς βάθρου N τῶν βάθρων Cor. ǁ
7 ἐν bis om. Υ ǁ 11 σημεία N ǀ ἐπαιρόμενος N ǁ 12 τι om. N ǁ
13 ἀναπείθων καὶ ἀφιστάς Υ ǁ 17 λέⁿτρος U, cf. p. 331, 4. 332, 4 ǀ
σούρως N ǀ ἐνδόξου ⟨γεγονώς⟩ Zie. ǁ 22 ἐκ τοιαύτης αἰτίας N ǁ
23·πραγμάτων N ǁ 25 προσελθών N ǁ 26 οὐκ ⟨ἂν⟩ Ri. ǀ παρ-
έχειν Υ ǁ 27 εἰώθεισαν Υ ǁ 28 ἁμάρτωσιν Υ

ραν γὰρ ῾Ρωμαῖοι τὴν κνήμην λέγουσι. πάλιν δὲ δίκην
ἔχων καὶ διαφθείρας ἐνίους τῶν δικαστῶν, ἐπεὶ δυσὶ μόναις
ἀπέφυγε ψήφοις, ἔφη παρανάλωμα γεγονέναι τὸ θατέρῳ
b κριτῇ δοθέν· ἀρκεῖν γὰρ εἰ καὶ μιᾷ ψήφῳ μόνον ἀπελύθη.
5 τοῦτον ὄντα τῇ φύσει τοιοῦτον καὶ κεκινημένον ὑπὸ τοῦ 373 L
Κατιλίνα προσδιέφθειραν ἐλπίσι κεναῖς ψευδομάντεις 6
τινὲς καὶ γόητες, ἔπη πεπλασμένα καὶ χρησμοὺς ᾄδοντες
ὡς ἐκ τῶν Σιβυλλείων, προδηλοῦντας εἱμαρμένους εἶναι
τῇ ῾Ρώμῃ Κορνηλίους τρεῖς μονάρχους, ὧν δύο μὲν ἤδη
πεπληρωκέναι τὸ χρεών, Κίνναν τε καὶ Σύλλαν, τρίτῳ δὲ 10
λοιπῷ Κορνηλίων ἐκείνῳ φέροντα τὴν μοναρχίαν ἥκειν
τὸν δαίμονα, καὶ δεῖν πάντως δέχεσθαι καὶ μὴ διαφθεί-
ρειν μέλλοντα τοὺς καιροὺς ὥσπερ Κατιλίναν.

18. Οὐδὲν οὖν ἐπενόει κακὸν ὁ Λέντλος ἰάσιμον, ἀλλ᾽
c ἐδέδοκτο τὴν βουλὴν ἅπασαν ἀναιρεῖν καὶ τῶν ἄλλων πολι- 15
τῶν ὅσους δύναιντο, τήν τε πόλιν αὐτὴν καταπιμπράναι,
φείδεσθαι δὲ μηδενὸς ἢ τῶν Πομπηίου τέκνων· ταῦτα δ᾽
ἐξαρπασαμένους ἔχειν ὑφ᾽ αὑτοῖς καὶ φυλάττειν ὅμηρα
τῶν πρὸς Πομπήιον διαλύσεων· ἤδη γὰρ ἐφοίτα πολὺς
λόγος καὶ βέβαιος ὑπὲρ αὐτοῦ κατιόντος ἀπὸ τῆς μεγάλης 20
2 στρατείας. καὶ νὺξ μὲν ὥριστο πρὸς τὴν ἐπίθεσιν μία τῶν
Κρονιάδων, ξίφη δὲ καὶ στυππεῖον καὶ θεῖον εἰς τὴν Κεθή-
3 γου φέροντες οἰκίαν ἀπέκρυψαν. ἄνδρας δὲ τάξαντες ἑκα-
τὸν καὶ μέρη τοσαῦτα τῆς ῾Ρώμης, ἕκαστον ἐφ᾽ ἑκάστῳ
διεκλήρωσαν, ὡς δι᾽ ὀλίγου πολλῶν ἀναψάντων φλέγοιτο 25
d πανταχόθεν ἡ πόλις. ἄλλοι δὲ τοὺς ὀχετοὺς ἔμελλον ἐμφρά- 255 S

5 Cic. in Cat. 3, 9. 4, 2. 12 Sall. Cat. 47, 2 Liv. per. 102 Flor. 2,
12, 8 Quint. 5, 10, 30 App. civ. 2, 4, 15

[(NU =)N(ABCE =)Υ] **1** οἱ ῥωμαῖοι Υ ‖ **2** ἐπὶ N ‖ **3** ἔφη
γὰρ ἀνάλωμα N ‖ **4** δοχθὲν N | γὰρ ⟨ἂν⟩ Sch. | μόνον om. N ‖
5 καὶ om. Υ ‖ **7** τινὲς om. Υ ‖ **8** σιβυλλίων N ‖ **11** κορνηλίῳ: em.
Zie. (ἐκείνῳ del Li.) ‖ **12** πάντων N ‖ **13** κατιλίνας : em. Sch.‖
14 κακὸν NΥ: μικρὸν vulg. | ἰάσιμον N: ἢ ἄσημον Υ ‖ **15** καὶ τῶν
N: τῶν τ᾽ Υ ‖ **16** τήν τε πόλιν N: τὴν πόλιν δ᾽ Υ | κατεμπιπρά-
ναι N ‖ **17** δὲ N: τε Υ ‖ **22** στύππιον N (στυππεῖον Graux): στυπ-
πεῖα Υ ‖ **25** ἀψάντων Υ

ξαντες ἀποσφάττειν τοὺς ὑδρευομένους. πραττομένων δὲ 4
τούτων ἔτυχον ἐπιδημοῦντες Ἀλλοβρίγων δύο πρέσβεις,
ἔθνους μάλιστα δὴ τότε πονηρὰ πράττοντος καὶ βαρυ-
374 L νομένου τὴν ἡγεμονίαν. τούτους οἱ περὶ Λέντλον ὠφε- 5
5 λίμους ἡγούμενοι πρὸς τὸ κινῆσαι καὶ μεταβαλεῖν τὴν
Γαλατίαν, ἐποιήσαντο συνωμότας, καὶ γράμματα μὲν
αὐτοῖς πρὸς τὴν ἐκεῖ βουλήν, γράμματα δὲ πρὸς Κατι-
λίναν ἔδοσαν, τῇ μὲν ὑπισχνούμενοι τὴν ἐλευθερίαν, τὸν
δὲ Κατιλίναν παρακαλοῦντες ἐλευθερώσαντα τοὺς δού-
10 λους ἐπὶ τὴν Ῥώμην ἐλαύνειν. συναπέστελλον δὲ μετ᾽ αὐ- 6
τῶν πρὸς τὸν Κατιλίναν Τίτον τινὰ Κροτωνιάτην, κομί- θ
ζοντα τὰς ἐπιστολάς. οἷα δ᾽ ἀνθρώπων ἀσταθμήτων καὶ 7
μετ᾽ οἴνου τὰ πολλὰ καὶ γυναικῶν ἀλλήλοις ἐντυγχανόν-
των βουλεύματα πόνῳ καὶ λογισμῷ νήφοντι καὶ συνέσει
15 περιττῇ διώκων ὁ Κικέρων, καὶ πολλοὺς μὲν ἔχων ἔξωθεν
ἐπισκοποῦντας τὰ πραττόμενα καὶ συνεξιχνεύοντας αὐτῷ,
πολλοῖς δὲ τῶν μετέχειν τῆς συνωμοσίας δοκούντων δια-
λεγόμενος κρύφα καὶ πιστεύων, ἔγνω τὴν πρὸς τοὺς ξένους
κοινολογίαν, καὶ νυκτὸς ἐνεδρεύσας ἔλαβε τὸν Κροτω-
20 νιάτην καὶ τὰ γράμματα, συνεργούντων [ἀλλήλοις] ἀδήλως
τῶν Ἀλλοβρίγων.

19. Ἅμα δ᾽ ἡμέρᾳ βουλὴν ἀθροίσας εἰς τὸ τῆς Ὁμονοίας $\overset{f}{3.}$ Dec.
ἱερόν, ἐξανέγνω τὰ γράμματα καὶ τῶν μηνυτῶν διήκουσεν. 63
ἔφη δὲ καὶ Σιλανὸς Ἰούνιος ἀκηκοέναι τινὰς Κεθήγου
25 λέγοντος, ὡς ὕπατοί τε τρεῖς καὶ στρατηγοὶ τέτταρες ἀναι-
ρεῖσθαι μέλλουσι. τοιαῦτα δ᾽ ἕτερα καὶ Πείσων, ἀνὴρ
ὑπατικός, εἰσήγγειλε. Γάιος δὲ Σουλπίκιος, εἷς τῶν στρα- 2 870

---

1 App. civ. 2, 4, 14sq. Cic. in Cat. 3, 4 Sall. Cat. 40sq. ||
10 Cic. in Cat. 3, 8 Sall. Cat. 44, 2—6 || 22 Cic. in Cat. 3, 8—15.4,
5. 10 Sall. Cat. 46. 47 Cass. D. 37, 34 App. civ. 2, 5, 16sq.

[(N U =)N (A B C E =)Υ] 2 ἀλλοβρήγων **N** || 4 λέντρον *U* ||
7 ἐκεῖ **Υ**: ἐκείνου **N** || 10. 11 πρὸς κατιλίναν μετ᾽ αὐτῶν (αὐτὸν **N**) **N** ||
11 τρίτον **N** || 14 πόνῳ ⟨συνεχεῖ⟩ e. g. Rei. ⟨πολλῷ⟩ Zie. (avec
grande solicitude Am.) || 17 δοκούντων τῆς συνωμοσίας **Υ** ||
18 καὶ πιστοὺς εὑρὼν Graux ἔχων Zie. || 20 ἀλλήλοις del. Br. |
ἀδήλως om. **N** || 24 ἰούνιος om. **N** || 25 ὑπατικοί τε Holzapfel

τηγῶν, ἐπὶ τὴν οἰκίαν πεμφθεὶς τοῦ. Κεθήγου, πολλὰ μὲν
ἐν αὐτῇ βέλη καὶ ὅπλα, πλεῖστα δὲ ξίφη καὶ μαχαίρας εὗρε, 375 L
3 νεοθήκτους ἁπάσας. τέλος δὲ τῷ Κροτωνιάτῃ ψηφισαμένης
ἄδειαν ἐπὶ μηνύσει τῆς βουλῆς, ἐξελεγχθεὶς ὁ Λέντλος 256 S
ἀπωμόσατο τὴν ἀρχήν – στρατηγῶν γὰρ ἐτύγχανε –, καὶ 5
τὴν περιπόρφυρον ἐν τῇ βουλῇ καταθέμενος, διήλλαξεν
4 ἐσθῆτα τῇ συμφορᾷ πρέπουσαν. οὗτος μὲν οὖν καὶ οἱ σὺν
αὐτῷ παρεδόθησαν εἰς ἄδεσμον φυλακὴν τοῖς στρατηγοῖς.
ἤδη δ᾽ ἑσπέρας οὔσης καὶ τοῦ δήμου παραμένοντος ἀθρό-
ως, προελθὼν ὁ Κικέρων καὶ φράσας τὸ πρᾶγμα τοῖς πολί- 10
b ταις καὶ .προπεμφθείς, παρῆλθεν εἰς οἰκίαν φίλου γειτνι-
ῶντος, ἐπεὶ τὴν ἐκείνου γυναῖκες κατεῖχον ἱεροῖς ἀπορ-
ρήτοις ὀργιάζουσαι θεόν, ἣν Ῥωμαῖοι μὲν Ἀγαθήν, Ἕλλη-
5 νες δὲ Γυναικείαν ὀνομάζουσι. θύεται δ᾽ αὐτῇ κατ᾽ ἐνι-
αυτὸν ἐν τῇ οἰκίᾳ τοῦ ὑπάτου διὰ γυναικὸς ἢ μητρὸς αὐ- 15
τοῦ, τῶν Ἑστιάδων παρθένων παρουσῶν. εἰσελθὼν οὖν ὁ
Κικέρων καὶ γενόμενος καθ᾽ αὑτόν, ὀλίγων παντάπασιν
αὐτῷ παρόντων, ἐφρόντιζεν ὅπως χρήσαιτο τοῖς ἀνδράσι.
6 τήν τε γὰρ ἄκραν καὶ προσήκουσαν ἀδικήμασι τηλικούτοις
τιμωρίαν ἐξηυλαβεῖτο καὶ κατώκνει δι᾽ ἐπιείκειαν ἤθους 20
c ἅμα καὶ ὡς μὴ δοκοίη τῆς ἐξουσίας ἄγαν ἐμφορεῖσθαι καὶ
πικρῶς ἐπεμβαίνειν ἀνδράσι γένει τε πρώτοις καὶ φίλους
δυνατοὺς ἐν τῇ πόλει κεκτημένοις, μαλακώτερον δὲ χρη-
7 σάμενος ὠρρώδει τὸν ἀπ᾽ αὐτῶν κίνδυνον. οὐ γὰρ ἀγαπή-
σειν μετριώτερόν τι θανάτου παθόντας, ἀλλ᾽ εἰς ἅπαν 25
ἀναρραγήσεσθαι τόλμης, τῇ παλαιᾷ κακίᾳ νέαν ὀργὴν προσ-
λαβόντας, αὐτός τε δόξειν ἄνανδρος καὶ μαλακός, οὐδ᾽ 376 L
ἄλλως δοκῶν εὐτολμότατος εἶναι τοῖς πολλοῖς.

10 Cic. in Cat. 3 ‖ 12 Cass. D. 37, 35, 4

[(N U =)N (A B C E =)Υ] 1 τοῦ Υ: τὴν N ‖ 4 ἐξενεχθεὶς N ǀ
λέντρος U ‖ 9 περιμένοντος Υ ǀ ἀθρόου Υ ‖ 12 ἐπειδὴ N ‖ 14 ἐθύ-
ετο N ‖ 17 καὶ γενόμενος om. Υ ǀ κατ᾽ αὐτὸν N ‖ 18 χρήσοιτο
Sch. ‖ 20 ἐξηυλαβεῖτο U: ἔξην λαβεῖτο N ἐξευλαβεῖτο Υ ‖ 23 δὲ
N: τε Υ ‖ 26 τόλμης ἢ μετὰ τῆς πάλαι κακίας N ‖ 27 δόξει: em.
Steph. ‖ 28 εὐτολμώτατος N εὐτολμός τις Naber

20. *Ταῦτα τοῦ Κικέρωνος διαποροῦντος, γίνεταί τι ταῖς γυναιξὶ σημεῖον θυούσαις. ὁ γὰρ βωμός, ἤδη τοῦ πυρὸς κατακεκοιμῆσθαι δοκοῦντος, ἐκ τῆς τέφρας καὶ τῶν κατακεκαυμένων φλοιῶν φλόγα πολλὴν ἀνῆκε καὶ λαμπράν.* d
5 *ὑφ᾿ ἧς αἱ μὲν ἄλλαι διεπτοήθησαν, αἱ δ᾿ ἱεραὶ παρθένοι* 2
257 S *τὴν τοῦ Κικέρωνος γυναῖκα Τερεντίαν ἐκέλευσαν ᾗ τάχος χωρεῖν πρὸς τὸν ἄνδρα καὶ κελεύειν, οἷς ἔγνωκεν ἐγχειρεῖν ὑπὲρ τῆς πατρίδος, ὡς μέγα πρός τε σωτηρίαν καὶ δόξαν αὐτῷ τῆς θεοῦ φῶς διδούσης. ἡ δὲ Τερεντία – καὶ γὰρ* 3
10 *οὐδ᾿ ἄλλως ἦν πραεῖά τις οὐδ᾿ ἄτολμος τὴν φύσιν, ἀλλὰ φιλότιμος γυνὴ καὶ μᾶλλον, ὡς αὐτός φησιν ὁ Κικέρων, τῶν πολιτικῶν μεταλαμβάνουσα παρ᾿ ἐκείνου φροντίδων ἢ μεταδιδοῦσα τῶν οἰκιακῶν ἐκείνῳ – ταῦτά τε πρὸς αὐτὸν ἔφρασε καὶ παρώξυνεν ἐπὶ τοὺς ἄνδρας· ὁμοίως δὲ* e
15 *καὶ Κόιντος ὁ ἀδελφὸς καὶ τῶν ἀπὸ φιλοσοφίας ἑταίρων Πόπλιος Νιγίδιος, ᾧ τὰ πλεῖστα καὶ μέγιστα παρὰ τὰς πολιτικὰς ἐχρῆτο πράξεις.*

Τῇ δ᾿ ὑστεραίᾳ γιγνομένων ἐν συγκλήτῳ λόγων περὶ 4
τιμωρίας τῶν ἀνδρῶν, ὁ πρῶτος ἐρωτηθεὶς γνώμην Σιλα-
5. Dec.
63
20 *νὸς εἶπε τὴν ἐσχάτην δίκην δοῦναι προσήκειν, ἀχθέντας εἰς τὸ δεσμωτήριον, καὶ τούτῳ προσετίθεντο πάντες ἐφε-* 5
ξῆς μέχρι Γαΐου Καίσαρος τοῦ μετὰ ταῦτα δικτάτορος
377 L *γενομένου. τότε δὲ νέος ὢν ἔτι καὶ τὰς πρώτας ἔχων τῆς* 6
αὐξήσεως ἀρχάς, ἤδη δὲ τῇ πολιτείᾳ καὶ ταῖς ἐλπίσιν εἰς
25 *ἐκείνην τὴν ὁδὸν ἐμβεβηκὼς ᾗ τὰ Ῥωμαίων εἰς μοναρχίαν* f
μετέστησε πράγματα, τοὺς μὲν ἄλλους ἐλάνθανε, τῷ δὲ Κικέρωνι πολλὰς μὲν ὑποψίας, λαβὴν δ᾿ εἰς ἔλεγχον οὐδε-

---

1 cf. Serv. buc. 8, 105 ‖ 16 mor. 797d Cic. p. Sull. 42. fam. 4, 13, 2. 7 ‖ 18 sq. Plut. Cat. min. 22. 23 Caes. 7. 8 Cass. D. 37, 35 sq. App. civ. 2, 5, 20sq. Sall. Cat. 50—53 Vell. Pat. 2, 35

[(N U =)N (A B C E =)Υ] 1 τι om. N ‖ 2 θυούσαις σημεῖον N ‖ 3 τῶν κεκαυμένων Υ ‖ 5 ἱεροὶ Υ ‖ 11 ὁ om. N ‖ 12 φροντίδων παρ᾿ ἐκείνου N ‖ 13 οἰκειακῶν: em. Cor. ‖ 18 γιγνομένων N (γινομένων ante corr. N): γενομένων Υ ‖ 19 γνώμην ἐρωτηθεὶς N ‖ 21 προσετίθεντο τούτῳ Υ ‖ 24 δὲ Υ U: δὲ καὶ N ‖ 27 λαβεῖν N, sed ἢ s. s. U ‖ οὐδεμίαν εἰς ἔλεγχον Υ

μίαν παρέδωκεν, ἀλλὰ καὶ λεγόντων ἦν ἐνίων ἀκούειν, ὡς
7 ἐγγὺς ἐλθὼν ἁλῶναι διεκφύγοι τὸν ἄνδρα. τινὲς δέ φασι
περιιδεῖν ἑκόντα καὶ παραλιπεῖν τὴν κατ᾽ ἐκείνου μήνυσιν
φόβῳ τῶν φίλων αὐτοῦ καὶ τῆς δυνάμεως· παντὶ γὰρ
εἶναι πρόδηλον, ὅτι μᾶλλον ἂν ἐκεῖνοι γένοιντο προσθήκη 5
871 Καίσαρι σωτηρίας ἢ Καῖσαρ ἐκείνοις κολάσεως.

21. Ἐπεὶ δ᾽ οὖν ἡ γνώμη περιῆλθεν εἰς αὐτόν, ἀναστὰς
ἀπεφήνατο μὴ θανατοῦν τοὺς ἄνδρας, ἀλλὰ τὰς οὐσίας
εἶναι δημοσίας, αὐτοὺς δ᾽ ἀπαχθέντας εἰς πόλεις τῆς Ἰτα-
λίας, ἃς ἂν δοκῇ Κικέρωνι, τηρεῖσθαι δεδεμένους, ἄχρι ἂν 258 S
2 οὗ καταπολεμηθῇ Κατιλίνας. οὔσης δὲ τῆς γνώμης ἐπιει- 11
κοῦς καὶ τοῦ λέγοντος εἰπεῖν δυνατωτάτου, ῥοπὴν ὁ Κικέ-
3 ρων προσέθηκεν οὐ μικράν. αὐτὸς γὰρ ἀναστὰς ἐνεχεί-
ρησεν εἰς ἑκάτερον, τὰ μὲν τῇ προτέρᾳ, τὰ δὲ τῇ Καίσαρος
γνώμῃ συνειπών, οἵ τε φίλοι πάντες οἰόμενοι τῷ Κικέρωνι 15
b λυσιτελεῖν τὴν Καίσαρος γνώμην – ἧττον γὰρ ἐν αἰτίαις
ἔσεσθαι μὴ θανατώσαντα τοὺς ἄνδρας – ᾑροῦντο τὴν
δευτέραν μᾶλλον γνώμην, ὥστε καὶ τὸν Σιλανὸν αὖθις
μεταβαλόμενον παραιτεῖσθαι καὶ λέγειν, ὡς οὐδ᾽ αὐτὸς
εἴποι θανατικὴν γνώμην· ἐσχάτην γὰρ ἀνδρὶ βουλευτῇ 20
4 Ῥωμαίων εἶναι δίκην τὸ δεσμωτήριον· εἰρημένης δὲ τῆς
γνώμης, πρῶτος ἀντέκρουσεν αὐτῇ Κάτλος Λουτάτιος, 378 L
εἶτα διαδεξάμενος Κάτων, καὶ τῷ λόγῳ σφοδρῶς συνεπ-
ερείσας ἐπὶ τὸν Καίσαρα τὴν ὑπόνοιαν, ἐνέπλησε θυμοῦ
καὶ φρονήματος τὴν σύγκλητον, ὥστε θάνατον καταψη- 25
5 φίσασθαι τῶν ἀνδρῶν. περὶ δὲ δημεύσεως χρημάτων ἐνί-
c στατο Καῖσαρ, οὐκ ἀξιῶν τὰ φιλάνθρωπα τῆς ἑαυτοῦ γνώ-
μης ἐκβαλόντας ἑνὶ χρήσασθαι τῷ σκυθρωποτάτῳ. βια-
ζομένων δὲ πολλῶν, ἐπεκαλεῖτο τοὺς δημάρχους· οἱ δ᾽

12 Cic. in Cat. 4

[(N U =)N (A B C E =)Υ] **3** παριδεῖν Υ ‖ **5** ὅτι om. N ‖
10 ἃς om. N ‖ **13** ἐπεχείρησεν Cor., sed cf. mor. 687d ‖ **14.15** τῇ
γνώμῃ καίσαρος Υ ‖ **16** λυσιτελεῖν N: συμφέρειν Υ ‖ **18** γνώμην
om. N ‖ **19** μεταβαλλόμενον : em. Cor. ‖ **21** δίκην εἶναι N ‖ **22** κάτ-
λος ἄννιος N ‖ **23** δεξάμενος Υ ‖ συναπερείσας : em. Cor.

οὐχ ὑπήκουον, ἀλλὰ Κικέρων αὐτὸς ἐνδοὺς ἀνῆκε τὴν περὶ
δημεύσεως γνώμην.

22. Ἐχώρει δὲ μετὰ τῆς βουλῆς ἐπὶ τοὺς ἄνδρας. οὐκ
ἐν ταὐτῷ δὲ πάντες ἦσαν, ἄλλος δ᾽ ἄλλον ἐφύλαττε τῶν
5 στρατηγῶν. καὶ πρῶτον ἐκ Παλατίου παραλαβὼν τὸν 2
Λέντλον ἦγε διὰ τῆς ἱερᾶς ὁδοῦ καὶ τῆς ἀγορᾶς μέσης,
τῶν μὲν ἡγεμονικωτάτων ἀνδρῶν κύκλῳ περιεσπειρα-
μένων καὶ δορυφορούντων, τοῦ δὲ δήμου φρίττοντος τὰ
δρώμενα καὶ παριέντος σιωπῇ, μάλιστα δὲ τῶν νέων, d
10 ὥσπερ ἱεροῖς τισι πατρίοις ἀριστοκρατικῆς τινος ἐξου-
σίας τελεῖσθαι μετὰ φόβου καὶ θάμβους δοκούντων. διελ- 3
259 S θὼν δὲ τὴν ἀγορὰν καὶ γενόμενος πρὸς τῷ δεσμωτηρίῳ,
παρέδωκε τὸν Λέντλον τῷ δημίῳ καὶ προσέταξεν ἀνε-
λεῖν, εἶθ᾽ ἑξῆς τὸν Κέθηγον, καὶ οὕτω τῶν ἄλλων ἕκα-
15 στον καταγαγὼν ἀπέκτεινεν. ὁρῶν δὲ πολλοὺς ἔτι τῶν 4
ἀπὸ τῆς συνωμοσίας ἐν ἀγορᾷ συνεστῶτας ἀθρόους, καὶ
379 L τὴν μὲν πρᾶξιν ἀγνοοῦντας, τὴν δὲ νύκτα προσμένοντας,
ὡς ἔτι ζώντων τῶν ἀνδρῶν καὶ δυναμένων ἐξαρπαγῆναι,
φθεγξάμενος μέγα πρὸς αὐτοὺς „ἔζησαν" εἶπεν· οὕτω e
20 δὲ Ῥωμαίων οἱ δυσφημεῖν μὴ βουλόμενοι τὸ τεθνάναι
σημαίνουσιν. ἤδη δ᾽ ἦν ἑσπέρα, καὶ δι᾽ ἀγορὰς ἀνέβαινεν 5
εἰς τὴν οἰκίαν, οὐκέτι σιωπῇ τῶν πολιτῶν οὐδὲ τάξει προ-
πεμπόντων αὐτόν, ἀλλὰ φωναῖς καὶ κρότοις δεχομένων
καθ᾽ οὓς γένοιτο, σωτῆρα καὶ κτίστην ἀνακαλούντων τῆς
25 πατρίδος. τὰ δὲ φῶτα πολλὰ κατέλαμπε τοὺς στενωπούς,
λαμπάδια καὶ δᾷδας ἱστάντων ἐπὶ ταῖς θύραις. αἱ δὲ γυναῖ- 6
κες ἐκ τῶν τεγῶν προὔφαινον ἐπὶ τιμῇ καὶ θέᾳ τοῦ ἀνδρός,
ὑπὸ πομπῇ τῶν ἀρίστων μάλα σεμνῶς ἀνιόντος· ὧν οἱ

5 Sall. Cat. 55, 2 App. civ. 2, 6, 22 Cass. D. 46, 20, 5 Liv.
per. 102 Vell. Pat. 2, 34, 4 ‖ 21 App. civ. 2, 7, 24 Cic. Att. 9,
10, 3 Phil. 2, 12

[(N U =)N (A B C E =)Υ] 1 περὶ Υ: περὶ τῆς N ‖ 9 παριόν-
τος: em. Cor. ‖ 12 τὸ δεσμωτήριον N ‖ 13 δημίῳ Iunt. Ald.: δή-
μῳ NΥ ‖ 14 καὶ οὕτω Υ: οὕτως καὶ N ‖ 15.16 τῶν ἀπὸ om. Υ ‖
18 ἐξαρπασθῆναι Υ ‖ 28 πομπῆς N

πλεῖστοι πολέμους τε κατειργασμένοι μεγάλους καὶ διὰ
f θριάμβων εἰσεληλακότες καὶ προσεκτημένοι γῆν καὶ θά-
λατταν οὐκ ὀλίγην, ἐβάδιζον ἀνομολογούμενοι πρὸς ἀλλή-
λους, πολλοῖς μὲν τῶν τόθ᾽ ἡγεμόνων καὶ στρατηγῶν
πλούτου καὶ λαφύρων καὶ δυνάμεως χάριν ὀφείλειν τὸν 5
Ῥωμαίων δῆμον, ἀσφαλείας δὲ καὶ σωτηρίας ἑνὶ μόνῳ
Κικέρωνι, τηλικοῦτον ἀφελόντι καὶ τοσοῦτον αὐτοῦ κίν-
7 δυνον. οὐ γὰρ τὸ κωλῦσαι τὰ πραττόμενα καὶ κολάσαι
872 τοὺς πράττοντας ἐδόκει θαυμαστόν, ἀλλ᾽ ὅτι μέγιστον
τῶν πώποτε νεωτερισμῶν οὗτος ἐλαχίστοις κακοῖς ἄνευ 10
8 στάσεως καὶ ταραχῆς κατέσβεσε. καὶ γὰρ τὸν Κατιλίναν
οἱ πλεῖστοι τῶν συνερρυηκότων πρὸς αὐτὸν ἅμα τῷ πυθέ-
σθαι τὰ περὶ Λέντλον καὶ Κέθηγον ἐγκαταλιπόντες ᾤχοντο,
καὶ μετὰ τῶν συμμεμενηκότων αὐτῷ διαγωνισάμενος 380 L
πρὸς Ἀντώνιον αὐτός τε διεφθάρη καὶ τὸ στρατόπεδον.   260 S

23. Οὐ μὴν ἀλλὰ καὶ ἦσαν οἱ τὸν Κικέρωνα παρεσκευ- 16
ασμένοι καὶ λέγειν ἐπὶ τούτοις καὶ ποιεῖν κακῶς, ἔχον-
τες ἡγεμόνας τῶν εἰς τὸ μέλλον ἀρχόντων Καίσαρα μὲν
στρατηγοῦντα, Μέτελλον δὲ καὶ Βηστίαν δημαρχοῦντας.
b 2 οἳ τὴν ἀρχὴν παραλαβόντες, ἔτι τοῦ Κικέρωνος ἡμέρας 20
ὀλίγας ἄρχοντος, οὐκ εἴων δημηγορεῖν αὐτόν, ἀλλ᾽ ὑπὲρ
τῶν ἐμβόλων βάθρα θέντες οὐ παρίεσαν οὐδ᾽ ἐπέτρεπον
λέγειν, ἀλλ᾽ ἐκέλευον, εἰ βούλοιτο, μόνον περὶ τῆς ἀρχῆς
3 ἀπομόσαντα καταβαίνειν, κἀκεῖνος ἐπὶ τούτοις ὡς ὀμό-
σων προῆλθε· καὶ γενομένης αὐτῷ σιωπῆς, ἀπώμνυεν οὐ 25
τὸν πάτριον, ἀλλ᾽ ἴδιόν τινα καὶ καινὸν ὅρκον, ἦ μὴν σεσω-
κέναι τὴν πατρίδα καὶ διατετηρηκέναι τὴν ἡγεμονίαν.
4 ἐπώμνυε δὲ τὸν ὅρκον αὐτῷ σύμπας ὁ δῆμος. ἐφ᾽ οἷς ἔτι

8 Cic. in Cat. 3, 23 al. ‖ 11 Cass. D. 37, 39 Sall. Cat. 57
App. civ. 2, 7, 23 ‖ 24 Cass. D. 37, 38, 1 Cic. fam. 5, 2, 7 in
Pis. 6 rep. 1, 7 ‖ 28 Plut. Cat. min. 26

[(N U =)N (A B C E =)Υ] 1 κατεργασάμενοι N ‖ 2 προσκεκτη-
μένοι Υ ‖ 7 τοιοῦτον Sch. ‖ 8 τὸ Υ: τῶ N | τὰ πραττόμενα N:
τὰ πραττόμενα πράγματα Υ ‖ 9 μέγιστον N: μέγιστος ἦν Υ ‖
16 καὶ om. Υ ‖ 18 ἀρξόντων Ri. dubitanter ‖ 20. 21 ὀλίγας
ἡμέρας N ‖ 21 ἔχοντος N ‖ 25 σιωπῆς αὐτῷ N | ἀπώμνυεν N:
ὤμνυεν Υ ‖ 26 κοινὸν N

τα τιμάς τινας αὐτῷ καὶ ψηφίσματα παρὰ Βυζαντίων
γενέσθαι.

25. Ταῦτά τε δὴ φιλότιμα, καὶ τὸ πολλάκις ἐπαιρόμενον
383 L τοῦ λόγου τῇ δεινότητι τὸ πρέπον προΐεσθαι. Μουνατίῳ
5 μὲν γάρ ποτε συνηγορήσας, ὡς ἀποφυγὼν τὴν δίκην ἐκεῖ-
νος ἐδίωκεν ἑταῖρον αὐτοῦ Σαβῖνον, οὕτω λέγεται προπε-
σεῖν ὑπ᾽ ὀργῆς ὁ Κικέρων, ὥστ᾽ εἰπεῖν· „σὺ γὰρ ἐκείνην
ὦ Μουνάτιε τὴν δίκην ἀπέφυγες διὰ σεαυτόν, οὐκ ἐμοῦ
πολὺ σκότος ἐν φωτὶ τῷ δικαστηρίῳ περιχέαντος;‟ Μᾶρ- 2 c
10 κον δὲ Κράσσον ἐγκωμιάζων ἀπὸ τοῦ βήματος εὐημέρησε,
καὶ μεθ᾽ ἡμέρας αὖθις ὀλίγας λοιδορῶν αὐτόν, ὡς ἐκεῖνος
εἶπεν „οὐ γὰρ ἐνταῦθα πρώην αὐτὸς ἡμᾶς ἐπῄνεις;‟
„ναί‟ φησι, „μελέτης ἕνεκα γυμνάζων τὸν λόγον εἰς φαύ-
λην ὑπόθεσιν.‟ εἰπόντος δέ ποτε τοῦ Κράσσου μηδένα 3
15 Κράσσον ἐν Ῥώμῃ βεβιωκέναι μακρότερον ἑξηκονταετίας,
εἶθ᾽ ὕστερον ἀρνουμένου καὶ λέγοντος „τί δ᾽ ἂν ἐγὼ παθὼν
τοῦτ᾽ εἶπον;‟ „ᾔδεις‟ ἔφη „Ῥωμαίους ἡδέως ἀκουσομέ-
νους, καὶ διὰ τοῦτ᾽ ἐδημαγώγεις‟. ἀρέσκεσθαι δὲ τοῦ 4
Κράσσου τοῖς Στωικοῖς φήσαντος, ὅτι πλούσιον εἶναι τὸν
20 ἀγαθὸν ἀποφαίνουσιν, „ὅρα μὴ μᾶλλον‟ εἶπεν „ὅτι πάντα d
τοῦ σοφοῦ λέγουσιν εἶναι‟. διεβάλλετο δ᾽ εἰς φιλαργυρίαν
ὁ Κράσσος. ἐπεὶ δὲ τοῦ Κράσσου τῶν παίδων ὁ ἕτερος, 5
263 S Ἀξίῳ τινὶ δοκῶν ὅμοιος εἶναι καὶ διὰ τοῦτο τῇ μητρὶ προσ-
τριβόμενος αἰσχρὰν ἐπὶ τῷ Ἀξίῳ διαβολήν, εὐδοκίμησε
25 λόγον ἐν βουλῇ διελθών, ἐρωτηθεὶς ὁ Κικέρων, τί φαίνεται
αὐτῷ, „ἄξιος‟ εἶπε „Κράσσου‟.

26. Μέλλων δ᾽ ὁ Κράσσος εἰς Συρίαν ἀπαίρειν, ἐβούλετο a. 54
384 L τὸν Κικέρωνα φίλον αὐτῷ μᾶλλον ἢ ἐχθρὸν εἶναι, καὶ φιλο-
φρονούμενος ἔφη βούλεσθαι δειπνῆσαι παρ᾽ αὐτῷ, κἀ-

---

4 cf. Quint. 2, 17, 21

[(N U =)N (A B C E =)Υ] **1** τινας om. N ‖ **3** τὸ om. N ‖
6 ῥουβῖνον N ‖ προπεσεῖν Rei.: προσπεσεῖν ‖ **8** σαυτόν Υ ‖ **13** φη-
σι Υ: φάναι N ‖ ἕνεκεν Υ ‖ **18** καὶ om. N‖ **26** αὐτῷ del.
Sint.; an excidit aliquid? ‖ **27** ὁ om. Υ ‖ **28** μᾶλλον αὐτῷ
φίλον Υ

2 κεῖνος ὑπεδέξατο προθύμως. ὀλίγαις δ' ὕστερον ἡμέραις
περὶ Βατινίου φίλων τινῶν ἐντυγχανόντων ὡς μνωμέ-
e νου διαλύσεις καὶ φιλίαν — ἦν γὰρ ἐχθρός —, ,,οὐ δή-
που καὶ Βατίνιος" εἶπε ,,δειπνῆσαι παρ' ἐμοὶ βούλεται;"
3 πρὸς μὲν οὖν Κράσσον τοιοῦτος. αὐτὸν δὲ τὸν Βατίνιον, 5
ἔχοντα χοιράδας ἐν τῷ τραχήλῳ καὶ λέγοντα δίκην,
οἰδοῦντα ῥήτορα προσεῖπεν. ἀκούσας δ' ὅτι τέθνηκεν,
εἶτα μετὰ μικρὸν πυθόμενος σαφῶς ὅτι ζῇ · ,,κακὸς τοί-
4 νυν ἀπόλοιτο κακῶς ὁ ψευσάμενος". ἐπεὶ δὲ Καίσαρι
ψηφισαμένῳ τὴν ἐν Καμπανίᾳ χώραν κατανεμηθῆναι τοῖς 10
στρατιώταις πολλοὶ μὲν ἐδυσχέραινον ἐν τῇ βουλῇ, Λεύ-
κιος δὲ Γέλλιος ὁμοῦ τι πρεσβύτατος ὢν εἶπεν, ὡς οὐ
γενήσεται τοῦτο ζῶντος αὐτοῦ, ,,περιμείνωμεν" .ὁ Κικέ-
ρων ἔφη · ,,μακρὰν γὰρ οὐκ αἰτεῖται Γέλλιος ὑπέρθεσιν".
f 5 ἦν δέ τις Ὀκταούιος αἰτίαν ἔχων ἐκ Λιβύης γεγονέναι · 15
πρὸς τοῦτον ἔν τινι δίκῃ λέγοντα τοῦ Κικέρωνος μὴ ἐξα-
κούειν ,,καὶ μὴν οὐκ ἔχεις." εἶπε ,,τὸ οὖς ἀτρύπητον".
6 Μετέλλου δὲ Νέπωτος εἰπόντος, ὅτι πλείονας καταμαρ-
τυρῶν ἀνῄρηκεν ἢ συνηγορῶν σέσωκεν, ,,ὁμολογῶ γάρ"
7 ἔφη ,,πίστεως ἐν ἐμοὶ πλέον ἢ δεινότητος εἶναι". νεανί- 20
σκου δέ τινος, αἰτίαν ἔχοντος ἐν πλακοῦντι φάρμακον τῷ
874 πατρὶ δεδωκέναι, θρασυνομένου καὶ λέγοντος ὅτι λοιδορή-
σει τὸν Κικέρωνα, ,,τοῦτ' " ἔφη ,,παρὰ σοῦ βούλομαι μᾶλ-
8 λον ἢ πλακοῦντα". Ποπλίου δὲ Σηστίου συνήγορον μὲν 385 L
αὐτὸν ἔν τινι δίκῃ παραλαβόντος μεθ' ἑτέρων, αὐτοῦ δὲ 264 S
πάντα βουλομένου λέγειν καὶ μηδενὶ παριέντος εἰπεῖν, ὡς 26
δῆλος ἦν ἀφιέμενος ὑπὸ τῶν δικαστῶν ἤδη τῆς ψήφου
φερομένης, ,,χρῶ σήμερον" ἔφη ,,τῷ καιρῷ Σήστιε · μέλ-
9 λεις γὰρ αὔριον ἰδιώτης εἶναι". Πόπλιον δὲ Κώσταν,

5 cf. cap. 9, 3 ‖ 7 mor. 205a ‖ 15 mor. 205b 631d ‖ 18 mor.
204f 541f ‖ 29 mor. 205b

[(N U =)N (A B C E =)Υ] 4 εἰπεῖν Υ ‖ 5 κράσσον Υ: κράσ-
σον αὐτὸν N ‖ 7 οἰδοῦντα Υ U²: οἰδῶντα N U¹ ‖ 13 ὁ κικέρων
ἔφη N: εἶπεν ὁ κικέρων Υ ‖ 14 γὰρ om. N ‖ 20 ἐν ἐμοὶ Υ: ἕνεκά
μοι N ‖ 23 παρὰ σοῦ ἔφη N ‖ 25 μεθ' ἑτέρων παραλαβόντος N ‖
29 ποπίλ(λ)ιον mor. | κῶσταν U: κώνσταν NΥ Κότταν Χy. Wytt.

νομικὸν εἶναι βουλόμενον, ὄντα δ᾽ ἀφυῆ καὶ ἀμαθῆ, πρός
τινα δίκην ἐκάλεσε μάρτυρα. τοῦ δὲ μηδὲν εἰδέναι φάσ-
κοντος, „ἴσως" ἔφη „δοκεῖς περὶ τῶν νομικῶν ἐρωτᾶ-
σθαι". Μετέλλου δὲ Νέπωτος ἐν διαφορᾷ τινι πολλάκις b
5 λέγοντος „τίς σοῦ πατήρ ἐστιν ὦ Κικέρων", „σοὶ ταύτην"
ἔφη „τὴν ἀπόκρισιν ἡ μήτηρ χαλεπωτέραν πεποίηκεν"·
ἐδόκει δ᾽ ἀκόλαστος ἡ μήτηρ εἶναι τοῦ Νέπωτος, αὐτὸς 10
δέ τις εὐμετάβολος, καί ποτε τὴν δημαρχίαν ἀπολιπὼν
ἄφνω πρὸς Πομπήιον ἐξέπλευσεν εἰς Συρίαν, εἶτ᾽ ἐκεῖθεν
10 ἐπανῆλθεν ἀλογώτερον. θάψας δὲ Φίλαγρον τὸν καθηγη- 11
τὴν ἐπιμελέστερον, ἐπέστησεν αὐτοῦ τῷ τάφῳ κόρακα
λίθινον, καὶ ὁ Κικέρων „τοῦτο" ἔφη „σοφώτατον ἐποίη-
σας· πέτεσθαι γάρ σε μᾶλλον ἢ λέγειν ἐδίδαξεν". ἐπεὶ 12
δὲ Μᾶρκος Ἄππιος ἔν τινι δίκῃ προοιμιαζόμενος εἶπε φίλον c
15 αὐτοῦ δεδεῆσθαι παρασχεῖν ἐπιμέλειαν καὶ λογιότητα καὶ
πίστιν, „εἶθ᾽ οὕτως" ἔφη „σιδηροῦς γέγονας ἄνθρωπος,
ὥστε μηδὲν ἐκ τοσούτων ὧν ᾐτήσατο φίλῳ παρασχεῖν;"

27. Τὸ μὲν οὖν πρὸς ἐχθροὺς ἢ πρὸς ἀντιδίκους σκώμ-
386 L μασι χρῆσθαι πικροτέροις δοκεῖ ῥητορικὸν εἶναι· τὸ δ᾽
20 οἷς ἔτυχε προσκρούειν ἕνεκα τοῦ γελοίου πολὺ συνῆγε μῖ-
σος αὐτῷ. γράψω δὲ καὶ τούτων ὀλίγα. Μᾶρκον Ἀκύλλιον 2
ἔχοντα δύο γαμβροὺς φυγάδας Ἄδραστον ἐκάλει. Λευ- 3
κίου δὲ Κόττα τὴν τιμητικὴν ἔχοντος ἀρχήν, φιλοινοτά-
του δ᾽ ὄντος, ὑπατείαν μετιὼν ὁ Κικέρων ἐδίψησε, καὶ
265 S τῶν φίλων κύκλῳ περιστάντων ὡς ἔπινεν, „ὀρθῶς φο- d
26 βεῖσθε" ἔφη „μή μοι γένηται χαλεπὸς ὁ τιμητὴς ὅτι
ὕδωρ πίνω". Βοκωνίῳ δ᾽ ἀπαντήσας, ἄγοντι μεθ᾽ ἑαυτοῦ 4

---

4 mor. 205a ‖ 8 Plut. Cat. min. 29, 1 ‖ 10 mor. 205a ‖
13—21 Phot. bibl. 395a ‖ 27 mor. 205c

[(N U =)N(ABCE =)Υ] 1 ὄντα δ᾽ ἀμαθῆ καὶ ἀφυῆ Υ ‖ 5 σοῦ
Υ: σοί N ‖ ὦ N: ὁ Υ ‖ 6 πεποίηκεν N mor.: ἐποίησεν Υ ‖ 8 ἀπολι-
πὼν ⟨ἀλόγως⟩ Zie. ‖ 10 Φίλαγρον] Διόδοτον mor. ‖ 12 σοφώτερον:
em. Rei. ‖ 14 μάρκιος N ‖ 15 ἑαυτοῦ N ‖ 17 φίλος Υ ‖ 18 πρός²
N Phot.: om. Υ ‖ 19 ἐδόκει Cast. ‖ 20 συνήγαγε Phot. ‖ 21 Ἀκύλ-
λιον Xy.: ἀκυλῖνον N ἀκυλίνιον Υ ‖ 23 δὲ καὶ κόττα N ‖ τὴν om.
Υ ‖ 25 φοβεῖσθαι N ‖ 26 ἔφη N: εἶπε Υ ‖ γένοιτο Υ ‖ ὅτι Υ: ὅτι
μὴ N ὅτι μὴν U ‖ 27 βοκωνίῳ hab. N βωκωνίῳ cet.

τρεῖς ἀμορφοτάτας θυγατέρας, ἀνεφθέγξατο (TGF p.911N²)·

„Φοίβου ποτ᾽ οὐκ ἐῶντος ἔσπειρεν τέκνα."

5 Μάρκου δὲ Γελλίου δοκοῦντος οὐκ ἐξ ἐλευθέρων γεγονέ-
ναι, λαμπρᾷ δὲ τῇ φωνῇ καὶ μεγάλῃ γράμματα πρὸς τὴν
σύγκλητον ἐξαναγνόντος, „μὴ θαυμάζετε" εἶπε· „καὶ 5
6 αὐτὸς εἷς ἐστι τῶν ἀναπεφωνηκότων." ἐπεὶ δὲ Φαῦστος
ὁ Σύλλα, τοῦ μοναρχήσαντος ἐν Ῥώμῃ καὶ πολλοὺς ἐπὶ
θανάτῳ προγράψαντος, ἐν δανείοις γενόμενος καὶ πολλὰ
τῆς οὐσίας διασπαθήσας ἀπαρτίαν προέγραψε, ταύτην
9 ἔφη μᾶλλον αὐτῷ τὴν προγραφὴν ἀρέσκειν ἢ τὴν πα- 10
τρῴαν.

28. Ἐκ δὲ τούτων ἐγίνετο πολλοῖς ἐπαχθής, καὶ οἱ μετὰ
Κλωδίου συνέστησαν ἐπ᾽ αὐτόν, ἀρχὴν τοιαύτην λαβόν-
τες. ἦν Κλώδιος ἀνὴρ εὐγενής, τῇ μὲν ἡλικίᾳ νέος, τῷ δὲ
a. 62 2 φρονήματι θρασὺς καὶ αὐθάδης. οὗτος ἐρῶν Πομπηίας 387 L
τῆς Καίσαρος γυναικός, εἰς τὴν οἰκίαν αὐτοῦ παρεισῆλθε 16
κρύφα, λαβὼν ἐσθῆτα καὶ σκευὴν ψαλτρίας· ἔθυον γὰρ
ἐν τῇ Καίσαρος οἰκίᾳ τὴν ἀπόρρητον ἐκείνην καὶ ἀθέατον
ἀνδράσι θυσίαν αἱ γυναῖκες, καὶ παρῆν ἀνὴρ οὐδείς· ἀλλὰ μει-
ράκιον ὢν ἔτι καὶ μήπω γενειῶν ὁ Κλώδιος ἤλπιζε λήσεσθαι 20
f 3 διαδὺς πρὸς τὴν Πομπηίαν διὰ τῶν γυναικῶν. ὡς δ᾽ εἰσῆλ-
θε νυκτὸς εἰς οἰκίαν μεγάλην, ἠπόρει τῶν διόδων, καὶ πλα-
νώμενον αὐτὸν ἰδοῦσα θεραπαινὶς Αὐρηλίας τῆς Καίσαρος
μητρός, ᾔτησεν ὄνομα. φθέγξασθαι δ᾽ ἀναγκασθέντος
αὐτοῦ καὶ φήσαντος ἀκόλουθον Πομπηίας ζητεῖν Ἄβραν 25
τοὔνομα, συνεῖσα τὴν φωνὴν οὐ γυναικείαν οὖσαν ἀνέκραγε

6 mor. 205c, cf. Cic. Att. 9, 11, 3. 4 ‖ 12—14 Phot. bibl.
395a ‖ 15 Plut. Caes. 9sq. Cass. D. 37, 45 Cic. Att. 1, 12. 13
harusp. 8. 37. 44 al.

[(N U =)N (A B C E =)Υ] 1 τρεῖς Υ (mor.): om. N ‖ 3 μάρ-
κω N ‖ 5 εἶπεν, ⟨ἐπεὶ⟩ vel καὶ ⟨γὰρ⟩ Zie. ‖ 9 διασπασθείσας N
διασπασθείσης U | ἁμαρτίαν N Υ ἀπάρτιον mor.: em. Nachstädt ‖
12 δὲ om. Υ ‖ 17—19 γὰρ αἱ γυναῖκες τὴν . . . θυσίαν ἐν τῇ τοῦ
καίσαρος οἰκίᾳ Υ ‖ 21 διὰ N: μετὰ Υ ‖ 22 ἠπορεῖτο Υ ‖ 23 αὐρη-
λίας θεραπαινὶς Υ ‖ 25 αὐτοῦ N: ἐκείνου Υ | ἄβραν N: αὔραν Υ ‖
26 γυναικὸς N

καὶ συνεκάλει τὰς γυναῖκας. αἱ δ᾽ ἀποκλείσασαι τὰς θύρας 4
266 S καὶ πάντα διερευνώμεναι, λαμβάνουσι τὸν Κλώδιον, εἰς
οἴκημα παιδίσκης ᾗ συνεισῆλθε καταπεφευγότα. τοῦ δὲ
πράγματος περιβοήτου γενομένου, Καῖσάρ τε τὴν Πομ- 875
5 πηίαν ἀφῆκε, καὶ δίκην τις ⟨τῶν δημάρχων⟩ ἀσεβείας
ἐγράψατο τῷ Κλωδίῳ.

29. Κικέρων δ᾽ ἦν μὲν αὐτοῦ φίλος, καὶ τῶν περὶ Κατι-
λίναν πραττομένων ἐκέχρητο προθυμοτάτῳ συνεργῷ καὶ
φύλακι τοῦ σώματος, ἰσχυριζομένου δὲ πρὸς τὸ ἔγκλημα
10 τῷ μηδὲ γεγονέναι κατ᾽ ἐκεῖνον ἐν Ῥώμῃ τὸν χρόνον, ἀλλ᾽
ἐν τοῖς πορρωτάτω χωρίοις διατρίβειν, κατεμαρτύρησεν
ὡς ἀφιγμένου τε πρὸς αὐτὸν οἴκαδε καὶ διειλεγμένου περί
τινων· ὅπερ ἦν ἀληθές. οὐ μὴν ἐδόκει μαρτυρεῖν ὁ Κικέ- 2
388 L ρων διὰ τὴν ἀλήθειαν, ἀλλὰ πρὸς τὴν αὐτοῦ γυναῖκα Τερεν-
15 τίαν ἀπολογούμενος. ἦν γὰρ αὐτῇ πρὸς τὸν Κλώδιον ἀπέχ- 3 b
θεια διὰ τὴν ἀδελφὴν τὴν ἐκείνου Κλωδίαν, ὡς τῷ Κικέ-
ρωνι βουλομένην γαμηθῆναι καὶ τοῦτο διὰ Τύλλου τινὸς
Ταραντίνου πράττουσαν, ὃς ἑταῖρος μὲν ἦν καὶ συνήθης ἐν
τοῖς μάλιστα Κικέρωνος, ἀεὶ δὲ πρὸς τὴν Κλωδίαν φοιτῶν
20 καὶ θεραπεύων ἐγγὺς οἰκοῦσαν, ὑποψίαν τῇ Τερεντίᾳ παρ-
έσχε. χαλεπὴ δὲ τὸν τρόπον οὖσα καὶ τοῦ Κικέρωνος 4
ἄρχουσα, παρώξυνε τῷ Κλωδίῳ συνεπιθέσθαι καὶ κατα-
μαρτυρῆσαι. κατεμαρτύρουν δὲ τοῦ Κλωδίου πολλοὶ τῶν
καλῶν καὶ ἀγαθῶν ἀνδρῶν ἐπιορκίας, ῥᾳδιουργίας, ὄχ-
25 λων δεκασμούς, φθορὰς γυναικῶν. Λεύκολλος δὲ καὶ θερα-
παινίδας παρεῖχεν, ὡς συγγένοιτο τῇ νεωτάτῃ τῶν ἀδελ- c

---

9 Cic. Att. 1, 16, 2. 4 schol. Bob. p. 85, 28 St. Val. Max. 8, 5, 5

[(N U =)N (A B C E =)Υ] 3 συνῆλθε Υ ‖ 4 τε Υ: τότε N ‖
5 τῶν δημάρχων add. Barton cl. Caes. 10, 6 | τῆς ἀσεβείας N ‖
6 ἀπεγράψατο Υ ‖ 8 ἐχρῆτο Υ ‖ 10 μήτε Υ | τὸν χρόνον ἐν ῥώμῃ
N ‖ 11 πορρωτάτοις Υ ‖ 12 τε om. Υ ‖ 17 τύλλου Υ: θύλλου N
κατύλλου Gudeman, Amer. Journ. Philol. 11, 312 sq., cf. A. Klotz,
Philol. Woch. 1923, 1110. 1924, 307. 309 ‖ 18 ταραντίνου om. Υ ‖
23 ⟨καὶ ἄλλοι⟩ πολλοὶ Rei. ‖ 24 κἀγαθῶν Υ ‖ 25 λεύκουλλος Υ,
item λευκούλλῳ p. 344, 1, cf. Luc. 1, 1 | θεραπαινίδας ⟨μαρτυρού-
σας⟩ Madvig ϑ ⟨μάρτυρας⟩ Ri.

5 φῶν ὁ Κλώδιος, ὅτε Λευκόλλῳ συνῴκει. πολλὴ δ᾽ ἦν δόξα
καὶ ταῖς ἄλλαις δυσὶν ἀδελφαῖς πλησιάζειν τὸν Κλώδιον,
ὧν Τερτίαν μὲν Μάρκιος ⟨ὁ⟩ ῾Ρήξ, Κλωδίαν δὲ Μέτελλος
ὁ Κέλερ εἶχεν, ἣν Κουαδρανταρίαν ἐκάλουν, ὅτι τῶν
ἐραστῶν τις αὐτῇ χαλκοῦς ἐμβαλὼν εἰς βαλάντιον ὡς 5
ἀργύριον εἰσέπεμψε· τὸ δὲ λεπτότατον τοῦ χαλκοῦ νομί-
σματος κουαδράντην ῾Ρωμαῖοι καλοῦσιν. ἐπὶ ταύτῃ μάλιστα 267 S
6 τῶν ἀδελφῶν κακῶς ἤκουσεν ὁ Κλώδιος. οὐ μὴν ἀλλὰ
τότε τοῦ δήμου πρὸς τοὺς καταμαρτυροῦντας αὐτοῦ καὶ
συνεστῶτας ἀντιταττομένου, φοβηθέντες οἱ δικασταὶ φυ- 10
d λακὴν περιεστήσαντο, καὶ τὰς δέλτους οἱ πλεῖστοι συγ- 389 L
κεχυμένοις τοῖς γράμμασιν ἤνεγκαν. ὅμως δὲ πλείονες
ἔδοξαν οἱ ἀπολύοντες γενέσθαι, καί τις ἐλέχθη καὶ δεκα-
7 σμὸς διελθεῖν. ὅθεν ὁ μὲν Κάτλος ἀπαντήσας τοῖς δικασταῖς,
„ὑμεῖς" εἶπεν „ὡς ἀληθῶς ὑπὲρ ἀσφαλείας ᾐτήσασθε τὴν 15
φυλακήν, φοβούμενοι μή τις ὑμῶν ἀφέληται τὸ ἀργύριον."
8 Κικέρων δὲ τοῦ Κλωδίου πρὸς αὐτὸν λέγοντος, ὅτι μαρ-
τυρῶν οὐκ ἔσχε πίστιν παρὰ τοῖς δικασταῖς, „ἀλλ᾽ ἐμοὶ
μέν" εἶπεν „οἱ πέντε καὶ εἴκοσι τῶν δικαστῶν ἐπίστευ-
e σαν· τοσοῦτοι γάρ σου κατεψηφίσαντο· σοὶ δ᾽ οἱ τριά- 20
κοντα οὐκ ἐπίστευσαν· οὐ γὰρ πρότερον ἀπέλυσαν ἢ
9 ἔλαβον τὸ ἀργύριον." ὁ μέντοι Καῖσαρ οὐ κατεμαρτύρησε
κληθεὶς ἐπὶ τὸν Κλώδιον, οὐδ᾽ ἔφη μοιχείαν κατεγνωκέ-
ναι τῆς γυναικός, ἀφεικέναι δ᾽ αὐτὴν ὅτι τὸν Καίσαρος
ἔδει γάμον οὐ πράξεως αἰσχρᾶς μόνον, ἀλλὰ καὶ φήμης 25
καθαρὸν· εἶναι.

6.7 Phot. bibl. 395a ‖ **9** Plut. Caes. 10, 10sq. ‖ **14** Cass. D.
37, 46, 3 Cic. Att. 1, 16, 5 Sen. ep. 97, 6 ‖ **17** Cic. Att. 1,
16, 10 ‖ **22** Plut. Caes. 10, 8sq. mor. 206a Cass. D. 37, 45 Suet.
Caes. 6, 2. 74, 2

[(N U =)N(A B C E =)Υ] **3** τερτίαν Am.: τερεντίαν | ὁ add.
Paris. 1674, om. ΝΥ ‖ **4** κουαδραντίαν Υ (*mulier potens quadran-
taria* Cic. pro Cael. 26, 62) ‖ **6** νόμισμα Phot. ‖ **7** κουαδρ. ῾Ρωμ.
Phot.: ῥωμ. κουαδρ. N ῥωμ. om. Υ | καλοῦσιν N Phot.: ἐκάλουν
Υ ‖ **10** ἀντιπραττομένου N ‖ **11** συγκεχυμένοις Parisinus 1674
Baroccianus 137: συγκεχυμένας cet.; cf. Caes. 10, 11 ‖ **14** δικα-
σταῖς N: κριταῖς Υ ‖ **20** δ᾽ οἱ N: δὲ Υ

30. Διαφυγὼν δὲ τὸν κίνδυνον ὁ Κλώδιος καὶ δήμαρχος
αἱρεθείς, εὐθὺς εἴχετο τοῦ Κικέρωνος, πάνθ᾽ ὁμοῦ πράγ- a. 58
ματα καὶ πάντας ἀνθρώπους συνάγων καὶ ταράττων ἐπ᾽
αὐτόν. τόν τε γὰρ δῆμον ᾠκειώσατο νόμοις φιλανθρώ- 2
5 ποις, καὶ τῶν ὑπάτων ἑκατέρῳ μεγάλας ἐπαρχίας ἐψη-
φίσατο, Πείσωνι μὲν Μακεδονίαν, Γαβινίῳ δὲ Συρίαν·
πολλοὺς δὲ καὶ τῶν ἀπόρων συνέτασσεν εἰς τὸ πολίτευμα, f
καὶ δούλους ὡπλισμένους περὶ αὐτὸν εἶχε. τῶν δὲ πλεῖστον 3
δυναμένων τότε τριῶν ἀνδρῶν, Κράσσου μὲν ἄντικρυς
10 Κικέρωνι πολεμοῦντος, Πομπηίου δὲ θρυπτομένου πρὸς
390 L ἀμφοτέρους, Καίσαρος δὲ μέλλοντος εἰς Γαλατίαν ἐξιέναι
268 S μετὰ στρατεύματος, ὑπὸ τοῦτον ὑποδὺς ὁ Κικέρων, καί-
περ οὐκ ὄντα φίλον, ἀλλ᾽ ὕποπτον ἐκ τῶν περὶ Κατιλί- 876
ναν, ἠξίωσε πρεσβευτὴς αὐτῷ συστρατεύειν. δεξαμένου 4
15 δὲ τοῦ Καίσαρος, ὁ Κλώδιος ὁρῶν ἐκφεύγοντα τὴν δη-
μαρχίαν αὐτοῦ τὸν Κικέρωνα, προσεποιεῖτο συμβατικῶς
ἔχειν, καὶ τῇ Τερεντίᾳ τὴν πλείστην ἀνατιθεὶς αἰτίαν,
ἐκείνου δὲ μεμνημένος ἐπιεικῶς ἀεὶ καὶ λόγους εὐγνώ-
μονας ἐνδιδούς, ὡς ἄν τις οὐ μισῶν οὐδὲ χαλεπαίνων, ἀλλ᾽
20 ἐγκαλῶν μέτρια καὶ φιλικά, παντάπασιν αὐτοῦ τὸν φόβον
ἀνῆκεν, ὥστ᾽ ἀπειπεῖν τῷ Καίσαρι τὴν πρεσβείαν καὶ
πάλιν ἔχεσθαι τῆς πολιτείας. ἐφ᾽ ᾧ παροξυνθεὶς ὁ Καῖ- 5
σαρ, τόν τε Κλώδιον ἐπέρρωσε, καὶ Πομπήιον ἀπέστρεψε
κομιδῇ τοῦ Κικέρωνος, αὐτός τε κατεμαρτύρησεν ἐν τῷ
25 δήμῳ, μὴ δοκεῖν αὐτῷ καλῶς μηδὲ νομίμως ἄνδρας ἀκρί- b
τους ἀνῃρῆσθαι τοὺς περὶ Λέντλον καὶ Κέθηγον. αὕτη 6
γὰρ ἦν ἡ κατηγορία, καὶ ἐπὶ τούτῳ [ὁ] Κικέρων ἐνεκα-
λεῖτο. κινδυνεύων οὖν καὶ διωκόμενος, ἐσθῆτά τε μετήλ-
λαξε καὶ κόμης ἀνάπλεως περιιὼν ἱκέτευε τὸν δῆμον.
30 πανταχοῦ δ᾽ ὁ Κλώδιος ἀπήντα κατὰ τοὺς στενωπούς, 7

---

14 Cass. D. 38, 15, 2 ‖ 24 Cass. D. 38, 14, 4. 7. 17, 1. 2 Vell.
Pat. 2, 45, 1 App. civ. 2, 15, 55

[(N U =)N (A B C E =)Υ] 2 εἶχε τὰ τοῦ N ‖ 7 καὶ om. Υ ‖
12 τούτων N ‖ 14 πρεσβευτὴν Υ ‖ 17 αἰτίαν ἀνατιθεὶς N ‖ 27 ἡ
om. N | ἐπὶ τούτῳ N: ἐπὶ τοῦθ᾽ Υ | ὁ del. Sint. | ἐκαλεῖτο Υ ‖
28 τε om. Υ

ἀνθρώπους ἔχων ὑβριστὰς περὶ αὐτὸν καὶ θρασεῖς, οἳ
πολλὰ μὲν χλευάζοντες ἀκολάστως εἰς τὴν μεταβολὴν καὶ
τὸ σχῆμα τοῦ Κικέρωνος, πολλαχοῦ δὲ πηλῷ καὶ λίθοις
βάλλοντες, ἐνίσταντο ταῖς ἱκεσίαις.

31. Οὐ μὴν ἀλλὰ τῷ Κικέρωνι πρῶτον μὲν ὀλίγου δεῖν 5
c σύμπαν τὸ τῶν ἱππικῶν πλῆθος συμμετέβαλε τὴν ἐσθῆτα,
καὶ δισμυρίων οὐκ ἐλάττους νέων παρηκολούθουν κομῶν-
τες καὶ συνικετεύοντες· ἔπειτα τῆς βουλῆς συνελθούσης, 391 L
ὅπως ψηφίσαιτο τὸν δῆμον ὡς ἐπὶ πένθει συμμεταβαλεῖν
τὰ ἱμάτια, καὶ τῶν ὑπάτων ἐναντιωθέντων, Κλωδίου 10
δὲ σιδηροφορουμένου περὶ τὸ βουλευτήριον, ἐξέδραμον
οὐκ ὀλίγοι τῶν συγκλητικῶν καταρρηγνύμενοι τοὺς χιτῶνας
2 καὶ βοῶντες. ὡς δ' ἦν οὔτ' οἶκτος οὔτε τις αἰδὼς πρὸς τὴν 269 S
ὄψιν, ἀλλ' ἔδει τὸν Κικέρωνα φεύγειν ἢ βίᾳ καὶ σιδήρῳ δια-
κριθῆναι πρὸς τὸν Κλώδιον, ἐδεῖτο Πομπηίου βοηθεῖν, ἐπί- 15
d τηδες ἐκποδὼν γεγονότος καὶ διατρίβοντος ἐν ἀγροῖς περὶ τὸ
Ἀλβανόν, καὶ πρῶτον μὲν ἔπεμψε Πείσωνα τὸν γαμβρὸν δεη-
3 σόμενον, ἔπειτα καὶ αὐτὸς ἀνέβη. πυθόμενος δ' ὁ Πομπήιος
οὐχ ὑπέμεινεν εἰς ὄψιν ἐλθεῖν — δεινὴ γὰρ αὐτὸν αἰδὼς εἶχε
πρὸς τὸν ἄνδρα, μεγάλους ἠγωνισμένον ἀγῶνας ὑπὲρ αὐ- 20
τοῦ καὶ πολλὰ πρὸς χάριν ἐκείνῳ πεπολιτευμένον — , ἀλλὰ
Καίσαρι γαμβρὸς ὢν δεομένῳ προὔδωκε τὰς παλαιὰς χά-
ριτας, καὶ κατὰ θύρας ἄλλας ὑπεξελθὼν ἀπεδίδρασκε τὴν
4 ἔντευξιν. οὕτω δὴ προδοθεὶς ὁ Κικέρων ὑπ' αὐτοῦ καὶ
γεγονὼς ἔρημος, ἐπὶ τοὺς ὑπάτους κατέφυγε. καὶ Γαβί- 25
νιος μὲν ἦν χαλεπὸς ἀεί, Πείσων δὲ διελέχθη πρᾳότερον
e αὐτῷ, παραινῶν ἐκστῆναι καὶ ὑποχωρῆσαι τῇ τοῦ Κλω-
δίου ῥύμῃ, καὶ τὴν μεταβολὴν τῶν καιρῶν ἐνεγκεῖν, καὶ

5 Cic. popul. grat. 8 p. Sest. 26 dom. 99 ‖ 15 Cass. D. 38,
17, 3 Cic. Pis. 76. 77 Att. 10, 4, 3 Q. fr. 1, 3, 9. 4, 4 ‖ 25 Cass.
D. 38, 16, 5 Cic. Pis. 12

[(NU =)N(ABCE =)Υ] 1 καὶ θρασεῖς περὶ αὐτὸν N ‖ 8 συν-
εξελθούσης N ‖ 9 ὡς om. N | πένθεσι μεταβαλεῖν (-βάλλειν N):
em. Cor. ‖ 12 συγκλητικῶν N: βουλευτικῶν Υ ‖ 14 κριθῆναι Υ ‖
16 ἐν Υ: ἐπ' N | παρὰ N | τὸν Υ ‖ 17 ἔπεισε N ‖ 25 γεγονὼς Υ:
γενόμενος N

γενέσθαι πάλιν σωτῆρα τῆς πατρίδος, ἐν στάσεσι καὶ
κακοῖς δι' ἐκεῖνον οὔσης. τοιαύτης τυχὼν ἀποκρίσεως ὁ
Κικέρων ἐβουλεύετο σὺν τοῖς φίλοις, καὶ Λεύκολλος μὲν
ἐκέλευε μένειν ὡς περιεσόμενον, ἄλλοι δὲ φεύγειν, ὡς
5 ταχὺ τοῦ δήμου ποθήσοντος αὐτόν, ὅταν ἐμπλησθῇ τῆς
392 L Κλωδίου μανίας καὶ ἀπονοίας. ταῦτ' ἔδοξε Κικέρωνι, καὶ
τὸ μὲν ἄγαλμα τῆς Ἀθηνᾶς, ὃ πολὺν χρόνον ἔχων ἐπὶ τῆς
οἰκίας ἱδρυμένον ἐτίμα διαφερόντως, εἰς Καπιτώλιον κομί-
σας ἀνέθηκεν, ἐπιγράψας „Ἀθηνᾷ Ῥώμης φύλακι", πομ-
10 ποὺς δὲ παρὰ τῶν φίλων λαβών, περὶ μέσας νύκτας ὑπ-
εξῆλθε τῆς πόλεως καὶ πεζῇ διὰ Λευκανίας ἐπορεύετο,
λαβέσθαι Σικελίας βουλόμενος.

32. Ὡς δ' ἦν φανερὸς ἤδη πεφευγώς, ἐπήγαγεν αὐτῷ
φυγῆς ψῆφον ὁ Κλώδιος, καὶ διάγραμμα προὔθηκεν εἴρ-
270 S γειν πυρὸς καὶ ὕδατος τὸν ἄνδρα καὶ μὴ παρέχειν στέγην
16 ἐντὸς μιλίων πεντακοσίων Ἰταλίας. τοῖς μὲν οὖν ἄλλοις 2 877
ἐλάχιστος ἦν τοῦ διαγράμματος τούτου λόγος αἰδουμένοις
τὸν Κικέρωνα, καὶ πᾶσαν ἐνδεικνύμενοι φιλοφροσύνην παρέ-
πεμπον αὐτόν· ἐν δ' Ἱππωνίῳ, πόλει τῆς Λευκανίας ἣν
20 Οὐιβῶνα νῦν καλοῦσιν, Οὐίβιος Σίκκας, ἀνὴρ ἄλλα τε
πολλὰ τῆς Κικέρωνος φιλίας ἀπολελαυκώς, καὶ γεγονὼς
ὑπατεύοντος αὐτοῦ τεκτόνων ἔπαρχος, οἰκίᾳ μὲν οὐκ ἐδέ-
ξατο, [τὸ] χωρίον δὲ καταγράψειν ἐπηγγέλλετο, καὶ Γάιος
Οὐεργίλιος ὁ τῆς Σικελίας στρατηγός, ἀνὴρ ἐν τοῖς μάλι-
25 στα Κικέρωνι κεχρημένος, ἔγραψεν ἀπέχεσθαι τῆς Σικε-

---

3 Plut. Cat. min. 35, 1 Cass. D. 38, 17, 4 Cic. Att. 3, 9, 2.
15, 2. 4. 4, 1, 1 Q. fr. 1, 8 ‖ 6 Cass. D. 38, 17, 5. 45, 17, 3 ‖
9 Cic. dom. 56 Planc. 73. 95sq. Att. 3, 4, 1 Cass. D. 38, 17, 5 ‖
25 Cic. Planc. 97

[(N U =)N (A B C E =)Υ] 1 ἐν Υ: ἔν τε N ‖ 2 τοιαύτης δὲ
τυχὼν N ‖ 10 ἐξῆλθε N ‖ 11 λευκωνίας N ‖ 13 πεφευγώς Υ: ἀπο-
φευγὼς U ἀπ̱οφευγὼς N ‖ 16 supra πεντακοσίων scr. ὀκτακο-
σίων A ‖ 17 ἦν διὰ τοῦ γράμματος Υ ἦν τοῦ διατάγματος N | τούτου
λόγος Υ: τοῦ λόγου N ‖ 19 λευκωνίας N ‖ 20 οὐιβῶνα Υ: οὐιβι-
δωνίαν N | Σίκκας Münzer RE II A 2186 cl. Cic. Att. 3, 2. 4:
σικελὸς Υ om. N del. Carugno ‖ 23 τὸ del. Cor. ‖ 24 οὐεργίνιος
N οὐεργῖνος Υ: em. Xy. | ἀνὴρ om. Υ ‖ 25 τῆς om. N

3 λίας. ἐφ᾿ οἷς ἀθυμήσας ὥρμησεν ἐπὶ Βρεντέσιον, κἀκεῖθεν
b εἰς Δυρράχιον ἀνέμῳ φορῷ περαιούμενος, ἀντιπνεύσαντος
πελαγίου μεθ᾿ ἡμέραν ἐπαλινδρόμησεν, εἶτ᾿ αὖθις ἀνήχθη. 393 L
4 λέγεται δὲ καὶ καταπλεύσαντος εἰς Δυρράχιον αὐτοῦ καὶ
μέλλοντος ἀποβαίνειν, σεισμόν τε τῆς γῆς καὶ σπασμὸν ἅμα 5
γενέσθαι τῆς θαλάσσης. ἀφ᾿ ὧν συνέβαλον οἱ μαντικοὶ μὴ
μόνιμον αὐτῷ τὴν φυγὴν ἔσεσθαι· μεταβολῆς γὰρ εἶναι
5 ταῦτα σημεῖα. πολλῶν δὲ φοιτώντων ἀνδρῶν ὑπ᾿ εὐνοίας
καὶ τῶν Ἑλληνίδων πόλεων διαμιλλωμένων ἀεὶ ταῖς πρε-
σβείαις πρὸς αὐτόν, ὅμως ἀθυμῶν καὶ περίλυπος διῆγε τὰ 10
c πολλά, πρὸς τὴν Ἰταλίαν ὥσπερ οἱ δυσέρωτες ἀφορῶν, καὶ
τῷ φρονήματι μικρὸς ἄγαν καὶ ταπεινὸς ὑπὸ τῆς συμ-
φορᾶς γεγονὼς καὶ συνεσταλμένος, ὡς οὐκ ἄν τις ἄνδρα
6 παιδείᾳ συμβεβιωκότα τοσαύτῃ προσεδόκησε. καίτοι πολ-
λάκις αὐτὸς ἠξίου τοὺς φίλους μὴ ῥήτορα καλεῖν αὐτόν, 15
ἀλλὰ φιλόσοφον· φιλοσοφίαν γὰρ ὡς ἔργον ᾑρῆσθαι, ῥητο-
ρικῇ δ᾿ ὀργάνῳ χρῆσθαι πολιτευόμενος ἐπὶ τὰς χρείας.
7 ἀλλ᾿ ἡ δόξα δεινὴ τὸν λόγον ὥσπερ βαφὴν ἀποκλύσαι τῆς
ψυχῆς καὶ τὰ τῶν πολλῶν ἐνομόρξασθαι πάθη δι᾿ ὁμιλίαν
καὶ συνήθειαν τοῖς πολιτευομένοις, ἂν μή τις εὖ μάλα 20
φυλαττόμενος οὕτω συμφέρηται τοῖς ἐκτός, ὡς τῶν πραγ- 271 S
d μάτων αὐτῶν, οὐ τῶν ἐπὶ τοῖς πράγμασι παθῶν συμμεθέ-
ξων.

33. Ὁ δὲ Κλώδιος ἐξελάσας αὐτὸν κατέπρησε μὲν αὐ-
τοῦ τὰς ἐπαύλεις, κατέπρησε δὲ τὴν οἰκίαν καὶ τῷ τόπῳ 25
ναὸν Ἐλευθερίας ἐπῳκοδόμησε, τὴν δ᾿ ἄλλην οὐσίαν ἐπώλει
καὶ διεκήρυττε καθ᾿ ἡμέραν, μηδὲν ὠνουμένου μηδενός.

14 Cic. fam. 9, 17, 2 Att. 9, 4, 3 leg. 1, 63 Acad. 1, 11 divin.
2, 5 Cat. m. 2 al. Q. Cic. comm. pet. 46 ‖ 24 Cic. Att. 3, 15, 6.
20, 2, 3. 4, 2 fam. 14, 2, 3 dom. pass. har. resp. 11 in Pis. 26.
30 Sest. 54. 65 Cass. D. 38, 17, 6

[(N U =)N (ABC E =)Υ] 1 βρεντήσιον Υ: ῥεντίους N ‖ 6 θα-
λάττης Υ ‖ 8 ταῦτα Υ: τὰ N ‖ 9 ἀεὶ om. Υ ‖ 9. 10 ταῖς πρε-
σβείαις NAᵐ: om. Υ ‖ 11 πρὸς Steph.: περὶ ‖ 16 ῥητορικὴν N̄ ‖
21 οὕτως ἐμφορῆται N ‖ 24 αὐτὸν N: τὸν κικέρωνα Υ ‖ 27 μη-
δὲν Υ: μὴ N et ras. U

ἐκ δὲ τούτου φοβερὸς ὢν τοῖς ἀριστοκρατικοῖς καὶ τὸν 2
394 L δῆμον ἀνειμένον εἰς ὕβριν πολλὴν καὶ θρασύτητα συνε-
φελκόμενος, ἐπεχείρει Πομπηίῳ, τῶν διῳκημένων αὐτῷ
κατὰ τὴν στρατείαν ἔνια σπαράττων. ἐφ᾽ οἷς ὁ Πομπήιος 3
5 ἀδοξῶν, ἐκάκιζεν αὐτὸς ἑαυτὸν προέμενος τὸν Κικέρωνα,
καὶ πάλιν ἐκ μεταβολῆς παντοῖος ἐγένετο, πράττων κάθο-
δον αὐτῷ μετὰ τῶν φίλων. ἐνισταμένου δὲ τοῦ Κλωδίου, 6
συνέδοξε τῇ βουλῇ μηδὲν διὰ μέσου πρᾶγμα κυροῦν μηδὲ
πράττειν δημόσιον, εἰ μὴ Κικέρωνι κάθοδος γένοιτο. τῶν 4 a. 57
10 δὲ περὶ Λέντλον ὑπατευόντων καὶ τῆς στάσεως πρόσω
βαδιζούσης, ὥστε τρωθῆναι μὲν ἐν ἀγορᾷ δημάρχους,
Κόιντον δὲ τὸν Κικέρωνος ἀδελφὸν ἐν τοῖς νεκροῖς ὡς
τεθνηκότα κείμενον διαλαθεῖν, ὅ τε δῆμος ἤρχετο τρέπε-
σθαι τῇ γνώμῃ, καὶ τῶν δημάρχων Ἄννιος Μίλων πρῶτος
15 ἐτόλμησε τὸν Κλώδιον εἰς δίκην ὑπάγειν βιαίων, καὶ Πομ-
πηίῳ πολλοὶ συνῆλθον ἔκ τε τοῦ δήμου καὶ τῶν πέριξ
πόλεων. μεθ᾽ ὧν προελθὼν καὶ τὸν Κλώδιον ἀναστείλας 5 f
ἐκ τῆς ἀγορᾶς, ἐπὶ τὴν ψῆφον ἐκάλει τοὺς πολίτας, καὶ
λέγεται μηδέποτε μηδὲν ἐκ τοσαύτης ὁμοφροσύνης ἐπι-
20 ψηφίσασθαι τὸν δῆμον. ἡ δὲ σύγκλητος ἁμιλλωμένη πρὸς 6
τὸν δῆμον ἔγραψεν ἐπαινεθῆναι τὰς πόλεις, ὅσαι τὸν Κικέ-
ρωνα παρὰ τὴν φυγὴν ἐθεράπευσαν, καὶ τὴν οἰκίαν αὐτῷ
καὶ τὰς ἐπαύλεις, ἃς Κλώδιος διεφθάρκει, τέλεσι δημο-
272 S σίοις ἀνασταθῆναι.
25 Κατῄει δὲ Κικέρων ἑκκαιδεκάτῳ μηνὶ μετὰ τὴν φυγήν, 7 878
395 L καὶ τοσαύτη τὰς πόλεις χαρὰ καὶ σπουδὴ τοὺς ἀνθρώπους
περὶ τὴν ἀπάντησιν εἶχεν, ὥστε τὸ ῥηθὲν ὑπὸ τοῦ Κικέ-
ρωνος ὕστερον ἐνδεέστερον εἶναι τῆς ἀληθείας. ἔφη γὰρ 8
(sen. grat. 15, 39) αὐτὸν ἐπὶ τῶν ὤμων τὴν Ἰταλίαν

---

3 Plut. Pomp. 48, 8sq. et ibi l. l. ‖ 9 Cic. Sest. 74sq. Cass. D.
39, 7, 2 ‖ 14 Cic. p. red. in sen. 19 Sest. 89 Mil. 35. 40 Cass. D.
39, 7, 4 ‖ 20 Cic. Sest. 129 al. ‖ 22 Cic. in Pis. 52 al.

[(N U =)N (ABCE =)Υ] 3 τῷ πομπηίῳ Υ | δεδιῳκημένων N,
cf. p. 350, 8 | αὐτῷ N: ὑπ᾽ αὐτοῦ Υ ‖ 4 παρατάττων N ‖ 5 αὐτὸν
Υ | προέμενον Ri. ‖ 6 ἐγίνετο Υ ‖ 15 ἀπάγειν: em. Madvig |
βιαίως Υ ‖ 17 ἀναστήσας Υ ‖ 26 τοὺς Υ: περὶ τοὺς N ‖ 27 τοῦ
om. Υ

φέρουσαν εἰς τὴν Ῥώμην εἰσενεγκεῖν. ὅπου καὶ Κράσσος,
ἐχθρὸς ὢν αὐτῷ πρὸ τῆς φυγῆς, τότε προθύμως ἀπήντα
καὶ διελύετο, τῷ παιδὶ Ποπλίῳ χαριζόμενος ὡς ἔλεγε,
ζηλωτῇ τοῦ Κικέρωνος ὄντι.

a. 56   **34.** Χρόνον δ᾽ οὐ πολὺν διαλιπὼν καὶ παραφυλάξας 5
ἀποδημοῦντα τὸν Κλώδιον, ἐπῆλθε μετὰ πολλῶν τῷ Καπι-
b τωλίῳ, καὶ τὰς δημαρχικὰς δέλτους, ἐν αἷς ἀναγραφαὶ τῶν
2 διῳκημένων ἦσαν, ἀπέσπασε καὶ διέφθειρεν. ἐγκαλοῦντος
δὲ περὶ τούτων τοῦ Κλωδίου, τοῦ δὲ Κικέρωνος λέγοντος
ὡς παρανόμως ἐκ πατρικίων ᾽εἰς δημαρχίαν παρέλθοι, καὶ 10
κύριον οὐδὲν εἴη τῶν πεπραγμένων ὑπ᾽ αὐτοῦ, Κάτων
ἠγανάκτησε καὶ ἀντεῖπε, τὸν μὲν Κλώδιον οὐκ ἐπαινῶν,
ἀλλὰ καὶ δυσχεραίνων τοῖς πεπολιτευμένοις, δεινὸν δὲ
καὶ βίαιον ἀποφαίνων ἀναίρεσιν ψηφίσασθαι δογμάτων καὶ
πράξεων τοσούτων τὴν σύγκλητον, ἐν αἷς εἶναι καὶ τὴν 15
3 ἑαυτοῦ τῶν περὶ Κύπρον καὶ Βυζάντιον διοίκησιν. ἐκ τού-
του προσέκρουσεν ὁ Κικέρων αὐτῷ πρόσκρουσιν εἰς οὐδὲν
c ἐμφανὲς προελθοῦσαν, ἀλλ᾽ ὥστε τῇ φιλοφροσύνῃ χρῆσθαι
πρὸς ἀλλήλους ἀμαυρότερον.

a. 52   **35.** Μετὰ ταῦτα Κλώδιον μὲν ἀποκτίννυσι Μίλων, καὶ 20
διωκόμενος φόνου Κικέρωνα παρεστήσατο συνήγορον.
ἡ δὲ βουλὴ φοβηθεῖσα, μὴ κινδυνεύοντος ἀνδρὸς ἐνδόξου
καὶ θυμοειδοῦς τοῦ Μίλωνος ταραχὴ γένηται περὶ τὴν 396 L
δίκην, ἐπέτρεψε Πομπηίῳ ταύτην τε καὶ τὰς ἄλλας κρί-
σεις βραβεῦσαι, παρέχοντα τῇ πόλει καὶ τοῖς δικαστηρίοις 25
2 ἀσφάλειαν. ἐκείνου δὲ τὴν ἀγορὰν ἔτι νυκτὸς ἀπὸ τῶν 273 S
ἄκρων στρατιώταις ἐμπεριλαβόντος, ὁ Μίλων τὸν Κικέρω-

5 Plut. Cat. min. 40 Cass. D. 39, 21. 22 ‖ cap. 35 Cic. Mil.
1 sq. 67. 71. 101 opt. gen. or. 10 Ascon. et schol. Bob. in Mil.
pass. Quint. 4, 3, 17 Cass. D. 40, 48. 53. 54

[(N U =)N (A B C E =)Υ] 8 διῳκημένων ΝΥ: διωκομένων U ‖
9 περὶ τούτου Υ ‖ 11 εἴη Ν: εἶναι Υ ‖ 20 ἀποκτείννυσι Ν ἀποκτί-
ννυσι Υ ‖ 23 περὶ Υ: μετὰ Ν κατὰ Graux παρὰ Blass ‖ 24 δίκην Ν:
πόλιν Υ ‖ 27 περιλαβόντος τοῖς στρατιώταις Υ

να, δείσας μὴ πρὸς τὴν ὄψιν ἀηθείᾳ διαταραχθεὶς χεῖρον d
ἀγωνίσηται, συνέπεισεν ἐν φορείῳ κομισθέντα πρὸς τὴν
ἀγορὰν ἡσυχάζειν, ἄχρι οὗ συνίασιν οἱ κριταὶ καὶ πλη-
ροῦται τὸ δικαστήριον. ὁ δ᾽ οὐ μόνον ἦν ὡς ἔοικεν ἐν ὅπλοις 3
5 ἀθαρσής, ἀλλὰ καὶ τῷ λέγειν μετὰ φόβου προσῄει, καὶ
μόλις ἂν ἐπαύσατο παλλόμενος καὶ τρέμων ἐπὶ πολλῶν
ἀγώνων ἀκμὴν τοῦ λόγου καὶ κατάστασιν λαβόντος. Λικι- 4
νίῳ δὲ Μουρήνᾳ φεύγοντι δίκην ὑπὸ Κάτωνος βοηθῶν, καὶ
φιλοτιμούμενος Ὁρτήσιον ὑπερβαλεῖν εὐημερήσαντα, μέ-
10 ρος οὐδὲν ἀνεπαύσατο τῆς νυκτός, ὥσθ᾽ ὑπὸ τοῦ σφόδρα
φροντίσαι καὶ διαγρυπνῆσαι κακωθεὶς ἐνδεέστερος αὐτοῦ
φανῆναι. τότε δ᾽ οὖν ἐπὶ τὴν τοῦ Μίλωνος δίκην ἐκ τοῦ 5 e
φορείου προελθών, καὶ θεασάμενος τὸν Πομπήιον ἄνω
καθεζόμενον ὥσπερ ἐν στρατοπέδῳ καὶ κύκλῳ τὰ ὅπλα
15 περιλάμποντα τὴν ἀγοράν, συνεχύθη καὶ μόλις ἐνήρξατο
τοῦ λόγου, κραδαινόμενος τὸ σῶμα καὶ τὴν φωνὴν ἐπε-
χόμενος, αὐτοῦ τοῦ Μίλωνος εὐθαρσῶς καὶ ἀδεῶς παρι-
σταμένου τῷ ἀγῶνι καὶ κόμην θρέψαι καὶ μεταβαλεῖν
ἐσθῆτα φαιὰν ἀπαξιώσαντος· ὅπερ οὐχ ἥκιστα δοκεῖ
397 L συναίτιον αὐτῷ γενέσθαι τῆς καταδίκης· ἀλλ᾽ ὅ γε Κικέ-
21 ρων διὰ ταῦτα φιλέταιρος μᾶλλον ἢ δειλὸς ἔδοξεν εἶναι. f

36. Γίνεται δὲ καὶ τῶν ἱερέων, οὓς αὔγουρας Ῥωμαῖοι a. 53
καλοῦσιν, ἀντὶ Κράσσου τοῦ νέου μετὰ τὴν ἐν Πάρθοις
αὐτοῦ τελευτήν. εἶτα κλήρῳ λαχὼν τῶν ἐπαρχιῶν Κιλικίαν
25 καὶ στρατὸν ὁπλιτῶν μυρίων καὶ δισχιλίων, ἱππέων δὲ
χιλίων καὶ ἑξακοσίων, ἔπλευσε, προσταχθὲν αὐτῷ καὶ a. 51
τὰ περὶ Καππαδοκίαν Ἀριοβαρζάνῃ τῷ βασιλεῖ φίλα καὶ
πειθήνια παρασχεῖν. ταῦτά τε δὴ παρεστήσατο καὶ συνήρ- 2

---

22 Cic. fam. 15, 4, 13 leg. 2, 31 Brut. 1 Phil. 2, 4 ‖ 24 Cic.
Att. 5, 1—7, 2 et fam. 2. 8. 13. 15 pass.

[(N U =) N (A B C E =) Υ] 2 διαγωνίσηται Υ | ἐν om. N, cf.
p.365,4. 366,16 ‖ 3 συνίασιν Υ: συνέλθωσιν N (συνέλθωσιν ... πλη-
ρῶται Graux) ‖ 6 ἀνεπαύσατο NAᵐ: ἐπαύσατο Υ ἐπαύετο Cor. ‖
7 καὶ om. Υ ‖ 10 ὥστε N: ὡς Υ ‖ 16 ἐνισχόμενος Υ ‖ 17 ἀδεῶς
N: ἀνδρείως Υ ‖ 22 δὲ om. N ‖ 26 χιλίων N: δισχιλίων Υ | καὶ¹
om. Υ ‖ 28 τε om. N

μοσεν ἀμέμπτως ἄνευ πολέμου, τούς τε Κίλικας ὁρῶν
879 πρὸς τὸ Παρθικὸν πταῖσμα Ῥωμαίων καὶ τὸν ἐν Συρίᾳ 274 S
3 νεωτερισμὸν ἐπηρμένους, κατεπράυνεν ἡμέρως ἄρχων. καὶ
δῶρα μὲν οὐδὲ τῶν βασιλέων διδόντων ἔλαβε, δείπνων δὲ
τοὺς ἐπαρχικοὺς ἀνῆκεν, αὐτὸς δὲ τοὺς χαρίεντας ἀνελάμ- 5
βανε καθ᾽ ἡμέραν ἑστιάσεσιν, οὐ πολυτελῶς, ἀλλ᾽ ἐλευ-
4 θερίως. ἡ δ᾽ οἰκία θυρωρὸν οὐκ εἶχεν, οὐδ᾽ αὐτὸς ὤφθη
κατακείμενος ὑπ᾽ οὐδενός, ἀλλ᾽ ἕωθεν ἑστὼς ἢ περι-
πατῶν πρὸ τοῦ δωματίου τοὺς ἀσπαζομένους ἐδεξιοῦτο.
5 λέγεται δὲ μήτε ῥάβδοις αἰκίσασθαί τινα, μήτ᾽ ἐσθῆτα 10
περισχίσαι, μήτε βλασφημίαν ὑπ᾽ ὀργῆς ἢ ζημίαν προσ-
βαλεῖν μεθ᾽ ὕβρεως. ἀνευρὼν δὲ πάμπολλα τῶν· δημοσίων
b κεκλεμμένα, τάς τε πόλεις εὐπόρους ἐποίησε, καὶ τοὺς
ἀποτίνοντας οὐδὲν τούτου πλέον παθόντας ἐπιτίμους διε-
6 φύλαξεν. ἥψατο δὲ καὶ πολέμου, λῃστὰς τῶν περὶ τὸν Ἄμα- 15
νὸν οἰκούντων τρεψάμενος, ἐφ᾽ ᾧ καὶ αὐτοκράτωρ ὑπὸ 398 L
τῶν στρατιωτῶν ἀνηγορεύθη. Καιλίου δὲ τοῦ ῥήτορος δεο-
μένου παρδάλεις αὐτῷ πρός τινα θέαν εἰς Ῥώμην ἐκ Κιλι-
κίας ἀποστεῖλαι, καλλωπιζόμενος ἐπὶ τοῖς πεπραγμένοις
γράφει πρὸς αὐτὸν (fam. 2, 11, 2) οὐκ εἶναι παρδάλεις ἐν 20
Κιλικίᾳ· πεφευγέναι γὰρ εἰς Καρίαν ἀγανακτούσας ὅτι
μόναι πολεμοῦνται, πάντων εἰρήνην ἐχόντων.
a. 50 7 Πλέων δ᾽ ἀπὸ τῆς ἐπαρχίας τοῦτο μὲν Ῥόδῳ προσέσχε,
c τοῦτο δ᾽ Ἀθήναις ἐνδιέτριψεν, ἄσμενος πόθῳ τῶν πάλαι
διατριβῶν. ἀνδράσι δὲ τοῖς πρώτοις ἀπὸ παιδείας συγ- 25
γενόμενος, καὶ τοὺς [τό]τε φίλους καὶ συνήθεις ἀσπασά-

16 Cic. fam. 2, 10, 2. 3. 3, 9, 4 Att. 5, 20, 3 Head HN² 666.
678 || 17 Cic. fam. 8, 4, 5. 8, 10. 9, 3 || 23 Cic. Att. 6, 7, 2. 9, 1. 7, 1,
1 fam. 2, 17, 1. 14, 5, 1 Brut. 1

[(N U =)N (A B C E =)Υ] 1 ἄνευ N: ἄτερ Υ || 2 παρθικὸν Υ:
πάροικον U παρρῖκ^{ον} N || 5 ἀφῆκεν Madvig | αὐτοὺς N ||
5. 6 καθ᾽ ἡμέραν τοὺς χαρίεντας ἀνελάμβανεν Υ || 11 ζημίας Υ ||
12 ὕβρεων Υ | δὲ πολλὰ Υ || 12. 13 τῶν δημοσίᾳ κεκλεμμένων Volk-
mann || 14 τούτου πλεῖον Υ πλέον τούτου N || 15 Ἄμανὸν Ald.:
ἀλβανὸν libri || 16 οἰκοῦντας N || 17 Καιλίου Xy.: καὶ κιλίου N
κεκιλίου UΥ || 19 ἐπὶ Υ: δὲ ἐπὶ N || 21 ἀγανακτούσαις N || 26 τότε:
em. Cor.

μένος, καὶ τὰ πρέποντα θαυμασθεὶς ὑπὸ τῆς Ἑλλάδος,
εἰς τὴν πόλιν ἐπανῆλθεν, ἤδη τῶν πραγμάτων ὥσπερ ὑπὸ   4. Jan.
φλεγμονῆς διισταμένων ἐπὶ τὸν ἐμφύλιον πόλεμον.   49

37. Ἐν μὲν οὖν τῇ βουλῇ ψηφιζομένων αὐτῷ θρίαμβον,
5 ἥδιον ἂν ἔφη παρακολουθῆσαι Καίσαρι θριαμβεύοντι
συμβάσεων γενομένων· ἰδίᾳ δὲ συνεβούλευε πολλὰ μὲν
275 8 Καίσαρι γράφων, πολλὰ δ᾽ αὖ τοῦ Πομπηίου δεόμενος,
πραΰνων ἑκάτερον καὶ παραμυθούμενος. ὡς δ᾽ ἦν ἀνή-   2 d
κεστα, καὶ Καίσαρος ἐπερχομένου Πομπήιος οὐκ ἔμεινεν,
10 ἀλλὰ μετὰ πολλῶν καὶ ἀγαθῶν ἀνδρῶν τὴν πόλιν ἐξέλιπε,
ταύτης μὲν ἀπελείφθη τῆς φυγῆς ὁ Κικέρων, ἔδοξε δὲ Καί-
σαρι προστίθεσθαι, καὶ δῆλός ἐστι τῇ γνώμῃ πολλὰ ῥιπ-
τασθεὶς ἐπ᾽ ἀμφότερα καὶ διστάσας. γράφει γὰρ ἐν ταῖς   3
ἐπιστολαῖς (Att. 8, 7, 2) διαπορεῖν, ποτέρωσε χρὴ τραπέσθαι,
399 L Πομπηίου μὲν ἔνδοξον καὶ καλὴν ὑπόθεσιν πρὸς τὸ πολε-
16 μεῖν ἔχοντος, Καίσαρος δ᾽ ἄμεινον τοῖς πράγμασι χρω-
μένου καὶ μᾶλλον ἑαυτὸν καὶ τοὺς φίλους σῴζοντος, ὥστ᾽
ἔχειν μὲν ὃν φύγῃ, μὴ ἔχειν δὲ πρὸς ὃν φύγῃ. Τρεβατίου   4 e
δέ τινος τῶν Καίσαρος ἑταίρων γράψαντος ἐπιστολήν, ὅτι
20 Καῖσαρ οἴεται δεῖν μάλιστα μὲν αὐτὸν ἐξετάζεσθαι μεθ᾽
αὑτοῦ καὶ τῶν ἐλπίδων μετέχειν, εἰ δ᾽ ἀναδύεται διὰ
γῆρας, εἰς τὴν Ἑλλάδα βαδίζειν κἀκεῖ καθήμενον
ἡσυχίαν ἄγειν, ἐκποδὼν ἀμφοτέροις γενόμενον, θαυμάσας
ὁ Κικέρων ὅτι Καῖσαρ αὐτὸς οὐκ ἔγραψεν, ἀπεκρί-
25 νατο πρὸς ὀργὴν ὡς οὐδὲν ἀνάξιον πράξει τῶν πεπο-
λιτευμένων. τὰ μὲν οὖν ἐν ταῖς ἐπιστολαῖς γεγραμμένα
τοιαῦτ᾽ ἐστι.

2 Cic. fam. 16, 11 Att. 7, 7, 3. 8, 2 ‖ **17** mor. 205 c Cic. Att. 8,
7, 2 Macrob. Sat. 2, 3, 7 ‖ **18** Cic. Att. 7, 17, 3 sq.

[(N U =)N (A B C E =)Υ] **2** τὴν πόλιν Υ: ῥώμην N, cf. Cic.
fam. 16, 11, 2 ‖ **3** ἀφισταμένων: em. Zie. cl. Brut. 4, 1. Ant.
5, 1 συνισταμένων Erbse | ἐπὶ Cor.: περὶ ‖ **6** συνεβούλευσε N ‖
7 αὖ τοῦ Sol.: αὐτοῦ ‖ **13** διστάσας Graux: διστατήσας N δυσπα-
θήσας Υ ‖ **14** τρέπεσθαι Υ ‖‖ **15** πρὸς τὸν πόλεμον Υ ‖ **17** τοῖς
φίλοις· Υ ‖ **18** τρεβατίου C: τρεβεντίου cet. ‖ **20.21** μετ᾽ αὐτοῦ N

7. Jun.
49

38. *Τοῦ δὲ Καίσαρος εἰς Ἰβηρίαν ἀπάραντος, εὐθὺς πρὸς Πομπήιον ἔπλευσε, καὶ τοῖς μὲν ἄλλοις ἀσμένοις*
f *ὤφθη, Κάτων δ᾽ αὐτὸν ἰδίᾳ πολλὰ κατεμέμψατο Πομπηίῳ προσθέμενον· αὐτῷ μὲν γὰρ οὐχὶ καλῶς ἔχειν ἐγκαταλιπεῖν ἣν ἀπ᾽ ἀρχῆς εἵλετο τῆς πολιτείας τάξιν,* 5 *ἐκεῖνον δὲ χρησιμώτερον ὄντα τῇ πατρίδι καὶ τοῖς φίλοις, εἰ μένων ἴσος ἐκεῖ πρὸς τὸ ἀποβαῖνον ἡρμόζετο, κατ᾽ οὐδένα λογισμὸν οὐδ᾽ ἐξ ἀνάγκης πολέμιον γεγονέναι Καί-*
2 *σαρι καὶ τοσούτου μεθέξοντα κινδύνου δεῦρ᾽ ἥκειν. οὗτοί τε δὴ τοῦ Κικέρωνος ἀνέστρεφον οἱ λόγοι τὴν γνώμην, καὶ* 10
880 *τὸ μέγα μηδὲν αὐτῷ χρῆσθαι Πομπήιον. αἴτιος δ᾽ ἦν αὐτός, οὐκ ἀρνούμενος μεταμέλεσθαι, φλαυρίζων δὲ τοῦ* 276 8 / 400 L *Πομπηίου τὴν παρασκευήν, καὶ πρὸς τὰ βουλεύματα δυσχεραίνων ὑπούλως, καὶ τοῦ παρασκώπτειν τι καὶ λέγειν ἀεὶ χαρίεν εἰς τοὺς συμμάχους οὐκ ἀπεχόμενος, ἀλλ᾽ αὐτὸς* 15 *μὲν ἀγέλαστος ἀεὶ περιιὼν ἐν τῷ στρατοπέδῳ καὶ σκυθρω-*
3 *πός, ἑτέροις δὲ παρέχων γέλωτα μηδὲν δεομένοις. βέλτιον δὲ καὶ τούτων ὀλίγα παραθέσθαι. Δομιτίου τοίνυν ἄνθρωπον εἰς τάξιν ἡγεμονικὴν ἄγοντος οὐ πολεμικόν, καὶ λέγον-*
b *τος ὡς ἐπιεικὴς τὸν τρόπον ἐστὶ καὶ σώφρων, „τί οὖν"* 20 *εἶπεν „οὐκ ἐπίτροπον αὐτὸν τοῖς τέκνοις φυλάσσεις;"*
4 *ἐπαινούντων δέ τινων Θεοφάνην τὸν Λέσβιον, ὃς ἦν ἐν τῷ στρατοπέδῳ τεκτόνων ἔπαρχος, ὡς εὖ παραμυθήσαιτο Ῥοδίους τὸν στόλον ἀποβαλόντας, „ἡλίκον" εἶπεν „ἀγα-*
5 *θόν ἐστι Γραικὸν ἔχειν ἔπαρχον". Καίσαρος δὲ κατορ-* 25 *θοῦντος τὰ πλεῖστα καὶ τρόπον τινὰ πολιορκοῦντος αὐτούς, Λέντλῳ μὲν εἰπόντι πυνθάνεσθαι στυγνοὺς εἶναι τοὺς Καίσαρος φίλους ἀπεκρίνατο „λέγεις αὐτοὺς*

27 mor. 205 d

[(N U =)N (ABC E =)Υ] 1 ἀπαίροντος N ‖ 2 πρὸς N: ὡς Υ ‖ ἄσμενος: em. Wytt. ‖ 3 ἰδὼν ἰδίᾳ Υ ‖ κατεμέμφετο Υ ‖ 4 πομπήιον (supra ον scr. ω U) N ‖ οὐχὶ Υ: οὐ N ‖ 6 ⟨ἂν⟩ ὄντα Ri. ‖ 7 ἴσως: em. Anon.; an praestat transponere ante χρησιμώτερον? ‖ ἐκεῖ] οἴκοι Toup ἑκατέρῳ Ha. ‖ 10 τε δὴ Cor.: δὲ δὴ Υ δὲ N ‖ 11 κεχρῆσθαι N ‖ 12 δὲ] τε Cor. ‖ 14 δυσκολαίνων Υ ‖ τοῦ Υ: τὸ N ‖ 15 ἀεὶ om. Υ ‖ 16 περιὼν N ‖ 18 δομετίου N ‖ 25 ἔστι N: ἔστι τὸ Υ ‖ 27 στυγνούς] σκυθρωπούς mor. σύννους Wytt.

δυσνοεῖν Καίσαρι". † Μορίκκου δέ τινος ἥκοντος ἐξ Ἰταλίας 6
νεωστὶ καὶ λέγοντος ἐν Ῥώμῃ φήμην ἐπικρατεῖν, ὡς πο-
λιορκοῖτο Πομπήιος, „εἶτ' ἐξέπλευσας" εἶπεν „ἵνα τοῦτο c
πιστεύσῃς αὐτὸς θεασάμενος;" μετὰ δὲ τὴν ἧτταν Νωνίου 7
5 μὲν εἰπόντος ὅτι δεῖ χρηστὰς ἐλπίδας ἔχειν, ἑπτὰ γὰρ
ἀετοὺς ἐν τῷ στρατοπέδῳ τοῦ Πομπηίου λελεῖφθαι, „κα-
λῶς ἄν" ἔφη „παρῄνεις, εἰ κολοιοῖς ἐπολεμοῦμεν". Λα- 8
βιηνοῦ δὲ μαντείαις τισὶν ἰσχυριζομένου καὶ λέγοντος, ὡς
401 L δεῖ περιγενέσθαι Πομπήιον, „οὐκοῦν" ἔφη „στρατηγή-
10 ματι τούτῳ χρώμενοι νῦν ἀποβεβλήκαμεν τὸ στρατόπε-
δον".

39. Ἀλλὰ γὰρ γενομένης τῆς κατὰ Φάρσαλον μάχης, 9. Aug.
ἧς οὐ μετέσχε δι' ἀρρωστίαν, καὶ Πομπηίου φυγόντος, 48
ὁ μὲν Κάτων καὶ στράτευμα συχνὸν ἐν Δυρραχίῳ καὶ
277 S στόλον ἔχων μέγαν ἐκεῖνον ἠξίου στρατηγεῖν κατὰ νόμον, d
16 ὡς τῷ τῆς ὑπατείας ἀξιώματι προὔχοντα. διωθούμενος 2
δὲ τὴν ἀρχὴν ὁ Κικέρων καὶ ὅλως φεύγων τὸ συστρατεύε-
σθαι, παρ' οὐδὲν ἦλθεν ἀναιρεθῆναι, Πομπηίου τοῦ νέου
καὶ τῶν φίλων προδότην ἀποκαλούντων καὶ τὰ ξίφη
20 σπασαμένων, εἰ μὴ Κάτων ἐνστὰς μόλις ἀφείλετο καὶ
διῆκεν αὐτὸν ἐκ τοῦ στρατοπέδου. καταχθεὶς δ' εἰς Βρεν- 3
τέσιον ἐνταῦθα διέτριβε, Καίσαρα περιμένων βραδύνοντα
διὰ τὰς ἐν Ἀσίᾳ καὶ περὶ Αἴγυπτον ἀσχολίας. ἐπεὶ δ' εἰς 4 a. 47
Τάραντα καθωρμισμένος ἀπηγγέλλετο καὶ πεζῇ παριὼν
25 ἐκεῖθεν εἰς Βρεντέσιον, ὥρμησε πρὸς αὐτόν, οὐ πάνυ μὲν e
ὢν δύσελπις, αἰδούμενος δὲ πολλῶν παρόντων ἀνδρὸς
ἐχθροῦ καὶ κρατοῦντος λαμβάνειν πεῖραν. οὐ μὴν ἐδέησεν 5

---

4 mor. 205d ‖ 16 Plut. Cat. min. 55, 5sq.

[(N U =)N (A B C E =)Y] **1** δυσνοεῖν] εὐνοεῖν Xy. συννοεῖν
Wytt. ‖ μορίκκου U μο+ρίκκου N μαρίκου Y Μαρκίου Am. ‖
4 νωνίου N mor.: νοννίου Y ‖ **10** τούτῳ om. N ‖ ἀποβεβήκαμεν N ‖
13 οὐ Y: οὐδὲ N ‖ **16** ὡς Emp.: καὶ ‖ τὸ τῆς ὑπατείας ἀξίωμα Y ‖
20 μόλις om. N ‖ **21** κατασχών Y ‖ **22** προσμένων N ‖ **24** περιιὼν:
em. Cor.

αὐτῷ πρᾶξαί τι παρ᾽ ἀξίαν ἢ εἰπεῖν· ὁ γὰρ Καῖσαρ ὡς
εἶδεν αὐτὸν πολὺ πρὸ τῶν ἄλλων ἀπαντῶντα, κατέβη καὶ
ἠσπάσατο καὶ διαλεγόμενος μόνῳ συχνῶν σταδίων ὁδὸν
προῆλθεν. ἐκ δὲ τούτου διετέλει τιμῶν καὶ φιλοφρονού-
μενος, ὥστε καὶ γράψαντι λόγον ἐγκώμιον Κάτωνος ἀντι- 5
γράφων τόν τε λόγον αὐτοῦ καὶ τὸν βίον ὡς μάλιστα τῷ
6 Περικλέους ἐοικότα καὶ Θηραμένους ἐπαινεῖν. ὁ μὲν οὖν
f Κικέρωνος λόγος Κάτων, ὁ δὲ Καίσαρος Ἀντικάτων ἐπι- 402 L
a. 46 γέγραπται. λέγεται δὲ καὶ Κοΐντου Λιγαρίου δίκην φεύ-
γοντος, ὅτι τῶν Καίσαρος πολεμίων εἷς ἐγεγόνει, καὶ Κι- 10
κέρωνος αὐτῷ βοηθοῦντος, εἰπεῖν τὸν Καίσαρα πρὸς τοὺς
φίλους· ,,τί κωλύει διὰ χρόνου Κικέρωνος ἀκοῦσαι λέγον-
τος, ἐπεὶ πάλαι γε κέκριται πονηρὸς ἄνθρωπος καὶ πολέ-
7 μιος;" ἐπεὶ δ᾽ ἀρξάμενος λέγειν ὁ Κικέρων ὑπερφυῶς
881 ἐκίνει, καὶ προῦβαινεν αὐτῷ πάθει τε ποικίλος καὶ χάριτι 15
θαυμαστὸς ὁ λόγος, πολλὰς μὲν ἰέναι χρόας ἐπὶ τοῦ προσ-
ώπου τὸν Καίσαρα, πάσας δὲ τῆς ψυχῆς τρεπόμενον
τροπὰς κατάδηλον εἶναι, τέλος δὲ τῶν κατὰ Φάρσαλον
ἁψαμένου τοῦ ῥήτορος ἀγώνων, ἐκπαθῆ γενόμενον τινα-
χθῆναι τῷ σώματι καὶ τῆς χειρὸς ἐκβαλεῖν ἔνια τῶν γραμ- 278 S
ματείων. τὸν δ᾽ οὖν ἄνθρωπον ἀπέλυσε τῆς αἰτίας βεβια- 21
σμένος.

40. Ἐκ τούτου Κικέρων, εἰς μοναρχίαν τῆς πολιτείας
μεθεστώσης, ἀφέμενος τοῦ τὰ κοινὰ πράττειν ἐσχόλαζε
τοῖς βουλομένοις φιλοσοφεῖν τῶν νέων, καὶ σχεδὸν ἐκ τῆς 25
πρὸς τούτους συνηθείας, εὐγενεστάτους καὶ πρώτους
b 2 ὄντας, αὖθις ἴσχυεν ἐν τῇ πόλει μέγιστον. αὐτῷ δ᾽ ἔργον
μὲν ἦν τότε τοὺς φιλοσόφους συντελεῖν διαλόγους καὶ
μεταφράζειν, καὶ τῶν διαλεκτικῶν ἢ φυσικῶν ὀνομάτων

---

5 Plut. Caes. 54,3 et ibi l. l.

[(N U =)N (A B C E =)Υ] 2 ἀπαντῶντα Υ: ἀπάντων N ||
3 ⟨μόνος⟩ μόνῳ Naber || 13 γε om. Υ | ἄνθρωπος N (ἄνθρωπος
Graux): ἀνὴρ Υ (ὁ ἀνὴρ Sch.) || 17 τῇ ψυχῇ N || 20 γραμματίων
BCE et s. s. A || 21 δ᾽ οὖν N: γοῦν Υ || 24 ἀφελόμενος N ||
27 ἴσχυσεν N || 28 τότε N: τὸ Υ || 29 post μεταφράζειν add. πλά-
τωνος N Aᵐ (unde τοὺς Πλάτωνος Graux Hude)

ἕκαστον εἰς τὴν Ῥωμαϊκὴν μεταβάλλειν διάλεκτον· ἐκεῖ-
νος γάρ ἐστιν ὥς φασιν ὁ καὶ τὴν φαντασίαν καὶ τὴν ἐπο-
403 L χὴν καὶ τὴν συγκατάθεσιν καὶ τὴν κατάληψιν, ἔτι δὲ τὴν
ἄτομον, τὸ ἀμερές, τὸ κενὸν καὶ ἄλλα πολλὰ τῶν τοιού-
5 των ἐξονομάσας πρῶτος ἢ μάλιστα Ῥωμαίοις, τὰ μὲν
μεταφοραῖς, τὰ δ᾽ οἰκειότησιν ἄλλαις γνώριμα καὶ προσ-
ήγορα μηχανησάμενος. τῇ δὲ πρὸς τὴν ποίησιν εὐκολίᾳ 3 c
παίζων ἐχρῆτο· λέγεται γάρ, ὁπηνίκα ῥυείη πρὸς τὸ
τοιοῦτον, τῆς νυκτὸς ἔπη ποιεῖν πεντακόσια.

10 Τὸν μὲν οὖν πλεῖστον τοῦ χρόνου τούτου περὶ Τοῦσκλον
ἐν χωρίοις αὐτοῦ διάγων, ἔγραφε πρὸς τοὺς φίλους Λαέρ-
του βίον ζῆν, εἴτε παίζων ὡς ἔθος εἶχεν, εἴθ᾽ ὑπὸ φιλοτι-
μίας σπαργῶν πρὸς τὴν πολιτείαν καὶ ἀδημονῶν τοῖς
καθεστῶσι. σπάνιον δ᾽ εἰς ἄστυ θεραπείας ἕνεκα τοῦ 4
15 Καίσαρος κατῄει, καὶ πρῶτος ἦν τῶν συναγορευόντων
ταῖς τιμαῖς καὶ λέγειν ἀεί τι καινὸν εἰς τὸν ἄνδρα καὶ τὰ
πραττόμενα φιλοτιμουμένων. οἷόν ἐστι καὶ τὸ περὶ τῶν
Πομπηίου λεχθὲν εἰκόνων, ἃς ἀνῃρημένας καὶ καταβε-
βλημένας ὁ Καῖσαρ ἐκέλευσεν ἀνασταθῆναι, καὶ ἀνεστά- d
20 θησαν. ἔφη γὰρ ὁ Κικέρων, ὅτι ταύτῃ τῇ φιλανθρωπίᾳ 5
Καῖσαρ τοὺς μὲν Πομπηίου ἵστησι, τοὺς δ᾽ αὑτοῦ πή-
γνυσιν ἀνδριάντας.

279 S **41.** Διανοούμενος δ᾽ ὡς λέγεται τὴν πάτριον ἱστορίαν
γραφῇ περιλαβεῖν, καὶ πολλὰ συμμεῖξαι τῶν Ἑλληνικῶν,
25 καὶ ὅλως τοὺς συνηγμένους λόγους αὐτῷ καὶ μύθους ἐν-

---

17 Plut. Caes. 57, 6 mor. 91 a 205 e Suet. Caes. 75, 4 Cass.
Dio 43, 49, 1 Polyaen. 8, 23, 31

[(N U =)N (ABCE =) Υ] 1 τὴν om. Υ | μεταβαλεῖν N ‖ 2. 3 καὶ
τὴν συγκατάθεσιν καὶ τὴν ἐποχὴν Υ ‖ 3 δὲ τὴν N: δὲ τὸ Υ ‖ 4 κενὸν U,
s. s. A: καινὸν NΥ | καὶ ἄλλα N: ἄλλα τε Υ ‖ 5 καὶ τὰ μὲν N ‖
8 ἐρρύη N ‖ 8.9 τῷ τοιούτῳ N ‖ 10 τὸν N: τὸ Υ ‖ 13 ἀδημονῶν
N Aᵐ: ἀθυμῶν Υ ‖ 14 σπανίως Υ ‖ 17 τὸ Υ: τῶν N ‖ 17. 18 τῶν
πομπηίου Υ: πομπήιον N πομπήϋον, s. s. ου, U ‖ 19 καὶ ἀνεστά-
θησαν del. Cob., sed cf. Sulla 32, 3 ‖ 25 ὅλους N | συνηγμέ-
νους N: εἰρημένους Υ

ταῦϑα τρέψαι, πολλοῖς μὲν δημοσίοις, πολλοῖς δὲ ἰδίοις
κατελήφϑη πράγμασιν ἀβουλήτοις καὶ πάϑεσιν, ὧν αὐϑαί-
ρετα δοκεῖ τὰ πλεῖστα συμβῆναι. πρῶτον μὲν γὰρ ἀπεπέμ-
ψατο τὴν γυναῖκα Τερεντίαν, ἀμεληϑεὶς ὑπ᾽ αὐτῆς παρὰ
τὸν πόλεμον, ὥστε καὶ τῶν ἀναγκαίων ἐφοδίων ἐνδεὴς 5
ἀποσταλῆναι, καὶ μηδ᾽ ὅτε κατῆρεν αὖϑις εἰς ᾽Ιταλίαν
τυχεῖν εὐγνώμονος. αὐτὴ μὲν γὰρ οὐκ ἦλϑεν, ἐν Βρεντε-
σίῳ διατρίβοντος αὐτοῦ πολὺν χρόνον, ἐρχομένῃ δὲ τῇ
ϑυγατρί, παιδίσκῃ νέᾳ, τοσαύτην ὁδὸν οὐ πομπὴν πρέ-
πουσαν, οὐ χορηγίαν παρέσχεν, ἀλλὰ καὶ τὴν οἰκίαν τῷ 10
Κικέρωνι πάντων ἔρημον καὶ κενὴν ἀπέδειξεν ἐπὶ πολλοῖς
ὀφλήμασι καὶ μεγάλοις. αὗται γάρ εἰσιν αἱ λεγόμεναι τῆς
διαστάσεως εὐπρεπέσταται προφάσεις. τῇ δὲ Τερεντίᾳ
καὶ ταύτας ἀρνουμένῃ λαμπρὰν ἐποίησε τὴν ἀπολογίαν
αὐτὸς ἐκεῖνος, μετ᾽ οὐ πολὺν χρόνον γήμας παρϑένον, ὡς 15
μὲν ἡ Τερεντία κατεφήμιζεν, ἔρωτι τῆς ὥρας, ὡς δὲ Τί-
ρων ὁ τοῦ Κικέρωνος ἀπελεύϑερος γέγραφεν (HRR II 6),
εὐπορίας ἕνεκα πρὸς διάλυσιν δανείων. ἦν γὰρ ἡ παῖς
πλουσία σφόδρα, καὶ τὴν οὐσίαν αὐτῆς ὁ Κικέρων ἐν πί-
στει κληρονόμος ἀπολειφϑεὶς διεφύλαττεν. ὀφείλων δὲ πολ- 20
λὰς μυριάδας, ὑπὸ τῶν φίλων καὶ οἰκείων ἐπείσϑη τὴν
παῖδα γῆμαι παρ᾽ ἡλικίαν καὶ τοὺς δανειστὰς ἀπαλλάξαι
τοῖς ἐκείνης χρησάμενος. Ἀντώνιος δὲ τοῦ γάμου μνη-
σϑεὶς ἐν ταῖς πρὸς τοὺς Φιλιππικοὺς ἀντιγραφαῖς, ἐκβαλεῖν
φησιν αὐτὸν γυναῖκα παρ᾽ ἣν ἐγήρασε, χαριέντως ἅμα 25
τὴν οἰκουρίαν ὡς ἀπράκτου καὶ ἀστρατεύτου παρασκώ-
πτων τοῦ Κικέρωνος. γήμαντι δ᾽ αὐτῷ μετ᾽ οὐ πολὺν χρό-
νον ἡ ϑυγάτηρ ἀπέϑανε τίκτουσα παρὰ Λέντλῳ· τούτῳ

---

3 sq. Cass. D. 46, 18, 3 Cic. fam. 4, 14, 3 ‖ 27 Ascon. in
Pis. fr. 11

[(N U =)N (A B C E =)Υ] 1 τρέψαι N: γράψαι Υ | πολλοῖς
μὲν ἰδίοις πολλοῖς δὲ δημοσίοις N ‖ 3 τὰ NAᵐ: om. Υ ‖ 7 αὐτὴ
Wytt.: αὕτη ‖ 16 Τίρων Sch.: τήρων, cf. p. 367, 27 ‖ 18 ἕνεκεν
Υ ‖ 19 σφόδρα πλουσία Υ ‖ 20 ἀποδειχϑεὶς Cast. ‖ 21 ἔπεισε N ‖
23 χρησάμενον Υ ‖ 25 αὐτόν φησι Υ | καὶ γυναῖκα N | παρ᾽ ᾗ
ἐγήρασε Υ

γὰρ ἐγαμήθη μετὰ τὴν Πείσωνος τοῦ προτέρου ἀνδρὸς
τελευτήν· καὶ συνῆλθον μὲν ἐπὶ τὴν παραμυθίαν τῷ 8
Κικέρωνι πανταχόθεν οἱ φιλόσοφοι, βαρέως δ᾽ ἄγαν ἤνεγ-
κε τὸ συμβεβηκός, ὥστε καὶ τὴν γαμηθεῖσαν ἀποπέμ-
5 ψασθαι, δόξασαν ἡσθῆναι τῇ τελευτῇ τῆς Τυλλίας.

42. Τὰ μὲν οὖν κατ᾽ οἶκον οὕτως εἶχε τῷ Κικέρωνι. b
τῆς δ᾽ ἐπὶ Καίσαρα συνισταμένης πράξεως οὐ μετέσχε,
καίπερ ὢν ἑταῖρος ἐν τοῖς μάλιστα Βρούτου καὶ βαρύνε-
σθαι τὰ παρόντα καὶ τὰ πάλαι ποθεῖν πράγματα δοκῶν
10 ὡς ἕτερος οὐδείς. ἀλλ᾽ ἔδεισαν οἱ ἄνδρες αὐτοῦ τήν τε 2
φύσιν ὡς ἐνδεᾶ τόλμης τόν τε χρόνον, ἐν ᾧ καὶ ταῖς ἐρρω-
μενεστάταις φύσεσιν ἐπιλείπει τὸ θαρρεῖν. ὡς δ᾽ οὖν ἐπέ- 3
πρακτο τοῖς περὶ Βροῦτον καὶ Κάσσιον τὸ ἔργον, καὶ Id.
Mart.44
τῶν Καίσαρος φίλων συνισταμένων ἐπὶ τοὺς ἄνδρας αὖ-
15 θις ἦν δέος ἐμφυλίοις πολέμοις περιπετῆ γενέσθαι τὴν
πόλιν, Ἀντώνιος μὲν ὑπατεύων τὴν βουλὴν συνήγαγε καὶ 16.
Mart.44
βραχέα διελέχθη περὶ ὁμονοίας, Κικέρων δὲ πολλὰ πρὸς c
τὸν καιρὸν οἰκείως διελθών, ἔπεισε τὴν σύγκλητον Ἀθη-
ναίους μιμησαμένην ἀμνηστίαν τῶν ἐπὶ Καίσαρι ψηφί-
20 σασθαι, νεῖμαι δὲ τοῖς περὶ Κάσσιον καὶ Βροῦτον ἐπαρ-
χίας. ἔσχε δὲ τούτων τέλος οὐδέν. ὁ γὰρ δῆμος αὐτὸς μὲν 4
ἀφ᾽ ἑαυτοῦ πρὸς οἶκτον ἐξαχθείς, ὡς εἶδε τὸν νεκρὸν ἐκ-
κομιζόμενον δι᾽ ἀγορᾶς, Ἀντωνίου δὲ καὶ τὴν ἐσθῆτα δεί-
ξαντος αὐτοῖς αἵματος κατάπλεων καὶ κεκομμένην πάντῃ
406 L
25 τοῖς ξίφεσιν, ἐκμανέντες ὑπ᾽ ὀργῆς ἐν ἀγορᾷ ζήτησιν

---

7 Plut. Brut. 12, 2 Cic. Phil. 2, 25 sq. fam. 12, 2, 1. 3, 1 ‖
16 Plut. Brut. 19 Caes. 67, 8 Ant. 14, 3. 4 App. civ. 2, 593 sq.
3, 55 Cass. D. 44, 22, 3—34, 7 Zon. 10, 12 Nic. Dam. 17, 49 Cic.
Phil. 1, 31. 32. 2, 90 Liv. per. 116 Vell. 2, 58, 3 ‖ 21 Plut. Brut.
20 Caes. 68 Ant. 14, 6—8 App. civ. 2, 596—614 Cass. D. 44,
35—50 Zon. 10, 12 Nic. Dam. 17, 48—50 Cic. Phil. 2, 90. 91 Att.
14, 10, 1 Suet. Caes. 83—85

[(N U =) N (A B C E =) Υ] 1. 2 τελευτὴν ἀνδρός Cast. ‖ 3 φιλόσο-
φοι] φίλοι Volkmann | δ᾽ Υ: γὰρ N ‖ 4 ἀποπέμπεσθαι N ‖ 5 τουλλίας
N ‖ 7 καίσαρι N ‖ 9 πάλαι Υ: παλαιὰ N ‖ 17 πολλὰ om. N ‖ 23 καὶ
om. N ‖ 25 ἐμμανέντες N

ἐποιοῦντο τῶν ἀνδρῶν, καὶ πῦρ ἔχοντες ἐπὶ τὰς οἰκίας
5 ἔθεον ὡς ὑφάψοντες. οἱ δὲ τοῦτον μὲν τῷ προπεφυλά-
d χθαι διέφυγον τὸν κίνδυνον, ἑτέρους δὲ πολλοὺς καὶ μεγά-
λους προσδοκῶντες, ἐξέλιπον τὴν πόλιν.

43. Εὐθὺς οὖν ὁ Ἀντώνιος ἐπῆρτο, καὶ πᾶσι μὲν ἦν 281 S
φοβερὸς ὡς μοναρχήσων, τῷ δὲ Κικέρωνι φοβερώτατος. 6
ἀναρρωννυμένην τε γὰρ αὐτῷ πάλιν ὁρῶν τὴν δύναμιν
ἐν τῇ πολιτείᾳ καὶ τοῖς περὶ Βροῦτον ἐπιτήδειον εἰδώς,
2 ἤχθετο παρόντι. καί πού τι καὶ προϋπῆρχεν ὑποψίας
αὐτοῖς πρὸς ἀλλήλους κατὰ τὴν τῶν βίων ἀνομοιότητα 10
3 καὶ διαφοράν. ταῦτα δὴ δείσας ὁ Κικέρων πρῶτον μὲν
ὥρμησε πρεσβευτὴς Δολοβέλλᾳ συνεκπλεῦσαι εἰς Συ-
e ρίαν· ἐπεὶ δ᾽ οἱ μέλλοντες ὑπατεύειν μετ᾽ Ἀντώνιον, Ἵρ-
τιος καὶ Πάνσας, ἄνδρες ἀγαθοὶ καὶ ζηλωταὶ τοῦ Κικέ-
ρωνος, ἐδέοντο μὴ σφᾶς ἐγκαταλιπεῖν, ἀναδεχόμενοι κατα- 15
λύσειν τὸν Ἀντώνιον ἐκείνου παρόντος, ὁ δ᾽ οὔτ᾽ ἀπιστῶν
παντάπασιν οὔτε πιστεύων, Δολοβέλλαν μὲν εἴασε χαί-
ρειν, ὁμολογήσας δὲ τοῖς περὶ τὸν Ἵρτιον τὸ θέρος ἐν
Ἀθήναις διάξειν, ὅταν δ᾽ ἐκεῖνοι παραλάβωσι τὴν ἀρχήν,
4 ἀφίξεσθαι πάλιν, αὐτὸς καθ᾽ ἑαυτὸν ἐξέπλευσε. γενομέ- 20
νης δὲ περὶ τὸν πλοῦν διατριβῆς, καὶ λόγων ἀπὸ Ῥώμης
οἷα φιλεῖ καινῶν προσπεσόντων, μεταβεβλῆσθαι μὲν Ἀν-
f τώνιον θαυμαστὴν μεταβολὴν καὶ πάντα πράττειν καὶ πο-
λιτεύεσθαι πρὸς τὴν σύγκλητον, ἐνδεῖν δὲ τῆς ἐκείνου
παρουσίας τὰ πράγματα μὴ τὴν ἀρίστην ἔχειν διάθεσιν, 25
καταμεμψάμενος αὐτὸς αὑτοῦ τὴν πολλὴν εὐλάβειαν ἀνέ-
5 στρεψεν αὖθις εἰς Ῥώμην. καὶ τῶν πρώτων οὐ διήμαρτεν 407 L
ἐλπίδων. τοσοῦτο πλῆθος ἀνθρώπων ὑπὸ χαρᾶς καὶ πό-

11 Cic. Att. 15, 11, 4. 18, 1. 19, 2. 20, 1. 29, 1. Phil. 1, 6 ‖
18 Cic. Att. 15, 25. 16, 1. 4. 6, 2. 7, 2 Phil. 1, 6—9. 2, 76

[(N U =)N (A B C E =)Υ] 6 φοβερὸς Υ: φανερὸς N ‖ 7 γὰρ
om. N ‖ 11 δὴ om. Υ ‖ 12 δολοβέλλω N | συνεκπλεῦσαι δολοβέλλᾳ
πρεσβευτὴς Sint.| συνεκπλεῖν Cast. ‖13 ἔπειτα δ᾽ Erbse ‖ 14 πάσ-
σας Υ ‖ 15 καταλιπεῖν Υ | ὑποδεχόμενοι Υ ‖ 16 τὸν om. Υ ‖
26 ἀνέστρεφεν Υ ‖ 27 διημάρτανεν Υ ‖ 28 τοσοῦτον Υ | ἀνθρώ-
πων— πόθου om. Υ

θου πρὸς τὴν ἀπάντησιν ἐξεχύθη, καὶ σχεδὸν ἡμερήσιον
ἀνάλωσαν χρόνον αἱ περὶ τὰς πύλας καὶ τὴν εἴσοδον αὐτοῦ
δεξιώσεις καὶ φιλοφροσύναι. τῇ δ᾽ ὑστεραίᾳ βουλὴν συνα-
γαγόντος Ἀντωνίου καὶ καλοῦντος αὐτόν, οὐκ ἦλθεν, ἀλλὰ
5 κατέκειτο, μαλακῶς ἔχειν ἐκ τοῦ κόπου σκηπτόμενος.
ἐδόκει δὲ τὸ ἀληθὲς ἐπιβουλῆς εἶναι φόβος ἔκ τινος ὑπο-
ψίας καὶ μηνύσεως καθ᾽ ὁδὸν αὐτῷ προσπεσούσης. Ἀν-
τώνιος δὲ χαλεπῶς μὲν ἔσχεν ἐπὶ τῇ διαβολῇ καὶ στρατιώ-
τας ἔπεμψεν, ἄγειν αὐτὸν ἢ καταπρῆσαι τὴν οἰκίαν κελεύ-
10 σας, ἐνστάντων δὲ πολλῶν καὶ δεηθέντων, ἐνέχυρα λαβὼν
μόνον ἐπαύσατο, καὶ τὸ λοιπὸν οὕτως ἀντιπαρεξιόντες
ἀτρέμα καὶ φυλαττόμενοι διετέλουν, ἄχρι οὗ Καῖσαρ ὁ
νέος ἐξ Ἀπολλωνίας παραγενόμενος τόν τε κλῆρον ἀνε-
δέξατο τοῦ Καίσαρος ἐκείνου καὶ περὶ τῶν δισχιλίων πεν-
15 τακοσίων μυριάδων, ἃς ὁ Ἀντώνιος ἐκ τῆς οὐσίας κατεῖ-
χεν, εἰς διαφορὰν κατέστη πρὸς αὐτόν.

44. Ἐκ δὲ τούτου Φίλιππος ὁ τὴν μητέρα τοῦ νέου Καί-
σαρος ἔχων καὶ Μάρκελλος ὁ τὴν ἀδελφὴν ἀφικόμενοι
μετὰ τοῦ νεανίσκου πρὸς τὸν Κικέρωνα συνέθεντο, Κικέ-
20 ρωνα μὲν ἐκείνῳ τὴν ἀπὸ τοῦ λόγου καὶ τῆς πολιτείας
δύναμιν ἔν τε τῇ βουλῇ καὶ τῷ δήμῳ παρέχειν, ἐκεῖνον δὲ
Κικέρωνι τὴν ἀπὸ τῶν χρημάτων καὶ τῶν ὅπλων ἀσφά-
λειαν. ἤδη γὰρ οὐκ ὀλίγους τῶν ὑπὸ Καίσαρι στρατευσα-
μένων περὶ αὐτὸν εἶχε τὸ μειράκιον. ἐδόκει δὲ καὶ μείζων
25 τις αἰτία γεγονέναι τοῦ τὸν Κικέρωνα δέξασθαι προθύ-
μως τὴν Καίσαρος φιλίαν. ἔτι γὰρ ὡς ἔοικε Πομπηίου
ζῶντος καὶ Καίσαρος, ἔδοξε κατὰ τοὺς ὕπνους ὁ Κικέρων
καλεῖν τινα τοὺς τῶν συγκλητικῶν παῖδας εἰς τὸ Καπι-

---

3 Cic. Phil. 1, 11. 12. 27. 5, 18. 19 ‖ 17 Cic. Att. 15, 12, 2 ‖
24 Cass. D. 45, 2, 2 Suet. Aug. 94, 9 Tertull. de anima 46, 7

[(N U =)N (ABC E =)Υ] 2 ἀνήλωσαν Υ ‖ 6 δὲ τἀληθὲς Υ ‖
8 εἶχεν Υ ‖ στρατιώτας] fabros Phil. 5, 19 (1; 12) ‖ 9 αὐτὸν
ἄγειν N ‖ καταπρῆσαι] domum meam disturbaturum esse Phil. 5,
19 ‖ 15 ὁ om. Υ ‖ 19 τὸν om. N ‖ 20 καὶ N: καὶ τὴν ἀπὸ Υ ‖
23 ὑπὸ τοῦ καίσαρος N ‖ 24 δοκεῖ Ri. cl. Gracch. 8, 5 ‖ 26 πομ-
πηίου Υ: καὶ πομπηίου N ‖ 28 τινας Υ

τώλιον, ὡς μέλλοντος ἐξ αὐτῶν ἕνα τοῦ Διὸς ἀποδεικνύ-
ναι τῆς Ῥώμης ἡγεμόνα· τοὺς δὲ πολίτας ὑπὸ σπουδῆς
θέοντας ἵστασθαι περὶ τὸν νεών, καὶ τοὺς παῖδας ἐν ταῖς
4 περιπορφύροις καθέζεσθαι σιωπὴν ἔχοντας. ἐξαίφνης δὲ
τῶν θυρῶν ἀνοιχθεισῶν, καθ᾽ ἕνα τῶν παίδων ἀνιστά- 5
μενον κύκλῳ περὶ τὸν θεὸν παραπορεύεσθαι, τὸν δὲ πάν-
τας ἐπισκοπεῖν καὶ ἀποπέμπειν ἀχθομένους. ὡς δ᾽ οὗτος
ἦν προσιὼν κατ᾽ αὐτόν, ἐκτεῖναι τὴν δεξιὰν καὶ εἰπεῖν ,,ὦ
Ῥωμαῖοι, πέρας ὑμῖν ἐμφυλίων πολέμων οὗτος ἡγεμὼν
d 5 γενόμενος." τοιοῦτό φασιν ἐνύπνιον ἰδόντα τὸν Κικέρωνα, 10
τὴν μὲν ἰδέαν τοῦ παιδὸς ἐκμεμάχθαι καὶ κατέχειν ἐναρ-
γῶς, αὐτὸν δ᾽ οὐκ ἐπίστασθαι. μεθ᾽ ἡμέραν δὲ καταβαί- 283 S
νοντος εἰς τὸ πεδίον τὸ Ἄρειον αὐτοῦ, τοὺς παῖδας ἤδη
γεγυμνασμένους ἀπέρχεσθαι, κἀκεῖνον ὀφθῆναι τῷ Κικέ-
ρωνι πρῶτον οἷος ὤφθη καθ᾽ ὕπνον· ἐκπλαγέντα δὲ πυν- 15
6 θάνεσθαι τίνων εἴη γονέων. ἦν δὲ πατρὸς μὲν Ὀκταουΐου
τῶν οὐκ ἄγαν ἐπιφανῶν, Ἀττίας δὲ μητρός, ἀδελφιδῆς
Καίσαρος. ὅθεν Καῖσαρ αὐτῷ παῖδας οὐκ ἔχων ἰδίους καὶ
τὴν οὐσίαν ἑαυτοῦ καὶ τὸν οἶκον ἐν ταῖς διαθήκαις ἔδωκεν. 409 L
e 7 ἐκ τούτου φασὶ τὸν Κικέρωνα τῷ παιδὶ κατὰ τὰς ἀπαντή- 20
σεις ἐντυγχάνειν ἐπιμελῶς, κἀκεῖνον οἰκείως δέχεσθαι τὰς
φιλοφροσύνας· καὶ γὰρ ἐκ τύχης αὐτῷ γεγονέναι συμβεβή-
κει Κικέρωνος ὑπατεύοντος.

45. Αὗται μὲν οὖν ἴσως προφάσεις ἦσαν λεγόμεναι· τὸ
δὲ πρὸς Ἀντώνιον μῖσος Κικέρωνα πρῶτον, εἶθ᾽ ἡ φύσις 25
ἥττων οὖσα τιμῆς προσεποίησε Καίσαρι, νομίζοντα προσ-
2 λαμβάνειν τῇ πολιτείᾳ τὴν ἐκείνου δύναμιν. οὕτω γὰρ
ὑπῄει τὸ μειράκιον αὐτόν, ὥστε καὶ πατέρα προσαγορεύ-
ειν. ἐφ᾽ ᾧ σφόδρα Βροῦτος ἀγανακτῶν ἐν ταῖς πρὸς Ἀττι-

29 Brut. ad Cic. 1, 16, 7

[(N U =)N (A B C E =)Υ] 1 ἀποδεικνύειν Υ ‖ 3 ἐν τοῖς Υ ‖
5 ἀνισταμένων Υ ‖ 6 περὶ Υ: παρὰ N ‖ 8 δεξιὰν αὐτῷ N ‖ 10 τοιοῦ-
τόν Υ ‖ 13 αὐτοῦ που N ‖ 15 οἷος Υ: οἷς N ‖ 16 μὲν om. Υ ‖
17 ἀστείας N | ἀδελφῆς Υ ‖ 18 καὶ om. Υ ‖ 19 ἑαυτοῦ om. N ‖
22 αὐτὸν N ‖ 24 ἴσως om. Υ ‖ 26 ἥττων μὲν N | νομίζοντι N ‖
27 τῇ ⟨ἑαυτοῦ⟩ πολιτείᾳ Rei. ‖ 28 τὸ N: πρὸς τὸ Υ ‖ 29 σφόδρα
καὶ βροῦτος N | ἄττιον Υ

κὸν ἐπιστολαῖς (Brut. 1, 17, 5) καθήψατο τοῦ Κικέρωνος,
ὅτι διὰ φόβον Ἀντωνίου θεραπεύων Καίσαρα δῆλός ἐστιν f
οὐκ ἐλευθερίαν τῇ πατρίδι πράττων, ἀλλὰ δεσπότην φιλάν-
θρωπον αὐτῷ μνώμενος. οὐ μὴν ἀλλὰ τόν γε παῖδα τοῦ 3
5 Κικέρωνος ὁ Βροῦτος ἐν Ἀθήναις διατρίβοντα παρὰ τοῖς
φιλοσόφοις ἀναλαβὼν ἔσχεν ἐφ᾽ ἡγεμονίαις, καὶ πολλὰ
χρώμενος αὐτῷ κατώρθου. τοῦ δὲ Κικέρωνος ἀκμὴν ἔσχεν 4
ἡ δύναμις ἐν τῇ πόλει τότε μεγίστην, καὶ κρατῶν ὅσον
ἐβούλετο τὸν μὲν Ἀντώνιον ἐξέκρουσε καὶ κατεστασίασε, 884
10 καὶ πολεμήσοντας αὐτῷ τοὺς δύο ὑπάτους, Ἵρτιον καὶ a. 43
Πάνσαν, ἐξέπεμψε, Καίσαρι δὲ ῥαβδούχους καὶ στρατηγι-
κὸν κόσμον, ὡς δὴ προπολεμοῦντι τῆς πατρίδος, ἔπεισε
284 S ψηφίσασθαι τὴν σύγκλητον. ἐπεὶ δ᾽ Ἀντώνιος μὲν ἥττητο,
τῶν δ᾽ ὑπάτων ἀμφοτέρων ἐκ τῆς μάχης ἀποθανόντων
410 L πρὸς Καίσαρα συνέστησαν αἱ δυνάμεις, δείσασα δ᾽ ἡ βουλὴ 5
16 νέον ἄνδρα καὶ τύχῃ λαμπρᾷ κεχρημένον, ἐπειρᾶτο τιμαῖς
καὶ δωρεαῖς ἀποκαλεῖν αὐτοῦ τὰ στρατεύματα καὶ περι-
σπᾶν τὴν δύναμιν, ὡς μὴ δεομένη τῶν προπολεμούντων
Ἀντωνίου πεφευγότος, οὕτως ὁ Καῖσαρ φοβηθεὶς ὑπέπεμπε b
20 τῷ Κικέρωνι τοὺς δεομένους καὶ πείθοντας, ὑπατείαν μὲν
ἀμφοτέροις ὁμοῦ πράττειν, χρῆσθαι δὲ τοῖς πράγμασιν
ὅπως αὐτὸς ἔγνωκε παραλαβόντα τὴν ἀρχήν, καὶ τὸ μει-
ράκιον διοικεῖν, ὀνόματος καὶ δόξης γλιχόμενον. ὁμολο- 6
γεῖ δ᾽ οὖν ὁ Καῖσαρ αὐτός (HHR II 56), ὡς δεδιὼς κατάλυ-
25 σιν καὶ κινδυνεύων ἔρημος γενέσθαι χρήσαιτο τῇ Κικέρω-
νος ἐν δέοντι φιλαρχίᾳ, προτρεψάμενος αὐτὸν ὑπατείαν
μετιέναι συμπράττοντος αὐτοῦ καὶ συναρχαιρεσιάζοντος.

7 Plut. Ant. 17 App. civ. 3, 50, 191 sqq. Cass. D. 46,
29 sqq. al. ‖ 19 Cass. D. 46, 42, 2 App. civ. 3, 336—339

[(N U =) N (A B C E =) Υ] 2 θεραπεύοντος Υ | δῆλόν N ‖ 4 τοῦ
om. Υ ‖ 6 ἡγεμονίας: em. Rei. ‖ 8 ὅσων Υ ‖ 14 ἀποθανόντων
ἐκ τῆς μάχης Υ ‖ 15 δ᾽ om. Υ ‖ 20 τῷ om. N ‖ 21 ἀμφο-
τέρους N ‖ 22 παραλαμβάνοντα Υ ‖ 23 ὡμολόγει: em. Madvig ‖
24 δ᾽ οὖν ὁ Zie.: δὲ ὃν N δὲ ὧν U δὲ Υ δ᾽ ὁ Graux δὲ
καὶ Rei.

46. Ἐνταῦθα μέντοι μάλιστα Κικέρων ἐπαρθεὶς ὑπὸ
νέου γέρων καὶ φενακισθεὶς καὶ συναρχαιρεσιάσας καὶ
c παρασχὼν αὐτῷ τὴν σύγκλητον, εὐθὺς μὲν ὑπὸ τῶν φίλων
αἰτίαν ἔσχεν, ὀλίγῳ δ᾽ ὕστερον αὐτὸν ἀπολωλεκὼς ᾔσθετο
2 καὶ τοῦ δήμου προέμενος τὴν ἐλευθερίαν. αὐξηθεὶς γὰρ ὁ 5
νεανίας καὶ τὴν ὑπατείαν λαβών, Κικέρωνα μὲν εἴασε χαί-
ρειν, Ἀντωνίῳ δὲ καὶ Λεπίδῳ φίλος γενόμενος καὶ τὴν
δύναμιν εἰς τὸ αὐτὸ συνενεγκών, ὥσπερ ἄλλο τι κτῆμα
τὴν ἡγεμονίαν ἐνείματο πρὸς αὐτούς, καὶ κατεγράφησαν
3 ἄνδρες οὓς ἔδει θνήσκειν ὑπὲρ διακοσίους. πλείστην δὲ 10
τῶν ἀμφισβητημάτων αὐτοῖς ἔριν ἡ Κικέρωνος προγραφὴ
παρέσχεν, Ἀντωνίου μὲν ἀσυμβάτως ἔχοντος, εἰ μὴ πρῶτος 411 L
d ἐκεῖνος ἀποθνήσκοι, Λεπίδου δ᾽ Ἀντωνίῳ προστιθεμέ-
4 νου, Καίσαρος δὲ πρὸς ἀμφοτέρους ἀντέχοντος. ἐγίγνοντο
δ᾽ αἱ σύνοδοι μόνοις ἀπόρρητοι περὶ πόλιν Βονωνίαν ἐφ᾽ 15
ἡμέρας τρεῖς, καὶ συνῄεσαν εἰς τόπον τινὰ πρόσω τῶν 285 S
5 στρατοπέδων, ποταμῷ περιρρεόμενον. λέγεται δὲ τὰς πρώ-
τας ἡμέρας διαγωνισάμενος ὑπὲρ τοῦ Κικέρωνος ὁ Καῖσαρ
ἐνδοῦναι τῇ τρίτῃ καὶ προέσθαι τὸν ἄνδρα. τὰ δὲ τῆς
ἀντιδόσεως οὕτως εἶχεν· ἔδει Κικέρωνος μὲν ἐκστῆναι 20
Καίσαρα, Παύλου δὲ τἀδελφοῦ Λέπιδον, Λευκίου δὲ
Καίσαρος Ἀντώνιον, ὃς ἦν θεῖος αὐτῷ πρὸς μητρός.
6 οὕτως ἐξέπεσον ὑπὸ θυμοῦ καὶ λύσσης τῶν ἀνθρωπίνων
e λογισμῶν, μᾶλλον δ᾽ ἀπέδειξαν ὡς οὐδὲν ἀνθρώπου θηρίον
ἐστὶν ἀγριώτερον ἐξουσίαν πάθει προσλαβόντος. 25

47. Πραττομένων δὲ τούτων ὁ Κικέρων ἦν μὲν ἐν ἀγροῖς
ἰδίοις περὶ Τοῦσκλον, ἔχων τὸν ἀδελφὸν σὺν αὐτῷ· πυθό-

---

5 Plut. Ant. 19 Cass. D. 46, 52. 55sqq. App. civ. 3, 396—398
Mon. Anc. 1 Flor. 2, 16 CIL I p. 440. 466 ‖ 10 Plut. Ant. 19,
2.3 Cass. D. 47, 6 App. civ. 4, 16 Vell. Pat. 2, 66, 1. 2 Flor. 2, 16
Suet. Aug. 27, 1 de vir. ill. 81,6 Oros. 6, 18, 11 ‖ 17—25 Phot.
bibl. 395 a ‖ cap. 47—48 App. civ. 4, 19, 73sq. Sen. suas. 6, 17sq.
Vell. Pat. 2, 66, 3—5 Oros. 6, 18, 11 de vir. ill. 81, 6

[(N U =)N(ABCE =)Υ] 2 συναρχαιρεσίας N ‖ 4 εἶχεν Υ ‖
5 προέμενος C: προιέμενος NΥ ‖ 8 ταὐτὸ Υ ‖ 14 ἐγίνοντο Υ ‖
19 ἄνδρα] φίλον Phot. ‖ 20 μὲν add. Phot. ‖ 21 δὲ τοῦ ἀδελφι-
δοῦ N ‖ 24 θηρίον ἀνθρώπου Phot. ‖ 26 ἐν om. N ‖ 27 σὺν αὐτῷ
N: μεθ᾽ αὐτοῦ Υ

μενοι δὲ τὰς προγραφάς, ἔγνωσαν εἰς Ἄστυρα μεταβῆναι,
χωρίον παράλιον τοῦ Κικέρωνος, ἐκεῖθεν δὲ πλεῖν εἰς
Μακεδονίαν πρὸς Βροῦτον· ἤδη γὰρ ὑπὲρ αὐτοῦ λόγος
ἐφοίτα κρατοῦντος. ἐκομίζοντο δ᾽ ἐν φορείοις, ἀπειρη- 2
5 κότες ὑπὸ λύπης, καὶ κατὰ τὴν ὁδὸν ἐφιστάμενοι καὶ τὰ
φορεῖα παραβάλλοντες ἀλλήλοις προσωλοφύροντο. μᾶλ- 3
λον δ᾽ ὁ Κόιντος ἠθύμει, καὶ λογισμὸς αὐτὸν εἰσῄει τῆς f
ἀπορίας· οὐδὲν γὰρ ἔφθη λαβεῖν οἴκοθεν, ἀλλὰ καὶ τῷ
Κικέρωνι γλίσχρον ἦν ἐφόδιον· ἄμεινον οὖν εἶναι τὸν
412 L μὲν Κικέρωνα προλαμβάνειν τῆς φυγῆς, αὐτὸν δὲ μετα-
11 θεῖν οἴκοθεν συσκευασάμενον. ταῦτ᾽ ἔδοξε, καὶ περιβα- 4
λόντες ἀλλήλους καὶ ἀνακλαυσάμενοι διελύθησαν. ὁ μὲν
οὖν Κόιντος οὐ πολλαῖς ὕστερον ἡμέραις ὑπὸ τῶν οἰκε-
τῶν προδοθεὶς τοῖς ζητοῦσιν, ἀνῃρέθη μετὰ τοῦ παιδός.
15 ὁ δὲ Κικέρων εἰς Ἄστυρα κομισθεὶς καὶ πλοῖον εὑρών,
εὐθὺς ἐνέβη καὶ παρέπλευσεν ἄχρι Κιρκαίου πνεύματι 885
χρώμενος. ἐκεῖθεν δὲ βουλομένων εὐθὺς αἴρειν τῶν κυβερ- 5
νητῶν, εἴτε δείσας τὴν θάλασσαν, εἴτ᾽ οὔπω παντάπασι
τὴν Καίσαρος ἀπεγνωκὼς πίστιν, ἀπέβη καὶ παρῆλθε
286 S πεζῇ σταδίους ἑκατὸν ὡς εἰς Ῥώμην πορευόμενος. αὖθις 6
21 δ᾽ ἀλύων καὶ μεταβαλλόμενος, κατῄει πρὸς θάλασσαν εἰς
Ἄστυρα, κἀκεῖ διενυκτέρευσεν ἐπὶ δεινῶν καὶ ἀπόρων
λογισμῶν, ὅς γε καὶ παρελθεῖν εἰς τὴν Καίσαρος οἰκίαν
διενοήθη κρύφα καὶ σφάξας ἑαυτὸν ἐπὶ τῆς ἑστίας ἀλά-
25 στορα προσβαλεῖν. ἀλλὰ καὶ ταύτης αὐτὸν ἀπέκρουσε τῆς 7
ὁδοῦ δέος βασάνων, καὶ πολλὰ ταραχώδη καὶ παλίντροπα b
βουλεύματα τῇ γνώμῃ μεταλαμβάνων, παρέδωκε τοῖς
οἰκέταις ἑαυτὸν εἰς Καιήτας κατὰ πλοῦν κομίζειν, ἔχων
ἐκεῖ χωρία καὶ καταφυγὴν ὥρᾳ θέρους φιλάνθρωπον,
30 ὅταν ἥδιστον οἱ ἐτησίαι καταπνέωσιν. ἔχει δ᾽ ὁ τόπος καὶ 8

[(N U =)N (A B C E =)Υ] 8 ἔφθη Br.: ἔφη ‖ 10 προσλαμβά-
νειν N ‖ τῇ φυγῇ Υ ‖ 11 περιλαβόντες Υ ‖ 15. 16 εὐθὺς εὑρὼν N ‖
16 κιρκαίρου Υ ‖ 13 θάλατταν N ‖ 20 πορευσόμενος Naber ‖
23 ὅς γε N: ὥστε Υ ‖ οἰκίαν om. N ‖ 25 ἀπέκρουε N ‖ 26 πολλὰ
Cor.: τἄλλα ‖ 26.27 καὶ πάλιν προβουλεύματα Υ ‖ 27 τῆς γνώμης
Υ ‖ 28 εἰς καπίτας Υ

ναὸν Ἀπόλλωνος μικρὸν ὑπὲρ τῆς θαλάσσης. ἐντεῦθεν
ἀρθέντες ἀθρόοι κόρακες ὑπὸ κλαγγῆς προσεφέροντο τῷ
πλοίῳ τοῦ Κικέρωνος ἐπὶ γῆν ἐρεσσομένῳ, καὶ κατα-
σχόντες ἐπὶ τὴν κεραίαν ἑκατέρωθεν οἱ μὲν ἐβόων, οἱ δ᾽
ἔκοπτον τὰς τῶν μηρυμάτων ἀρχάς, καὶ πᾶσιν ἐδόκει τὸ   413 L
9 σημεῖον εἶναι πονηρόν. ἀπέβη δ᾽ οὖν ὁ Κικέρων, καὶ παρελ- 6
c θὼν εἰς τὴν ἔπαυλιν, ὡς ἀναπαυσόμενος κατεκλίθη. τῶν
δὲ κοράκων οἱ πολλοὶ μὲν ἐπὶ τῆς θυρίδος διεκάθηντο
φθεγγόμενοι θορυβῶδες, εἷς δὲ καταβὰς ἐπὶ τὸ κλινίδιον
ἐγκεκαλυμμένου τοῦ Κικέρωνος ἀπῆγε τῷ στόματι κατὰ 10
10 μικρὸν ἀπὸ τοῦ προσώπου τὸ ἱμάτιον. οἱ δ᾽ οἰκέται ταῦθ᾽
ὁρῶντες καὶ κακίσαντες αὑτούς, εἰ περιμένουσι τοῦ δε-
σπότου φονευομένου θεαταὶ γενέσθαι, θηρία δ᾽ αὐτῷ βοη-
θεῖ καὶ προκήδεται παρ᾽ ἀξίαν πράττοντος, αὐτοὶ δ᾽ οὐκ
ἀμύνουσι, τὰ μὲν δεόμενοι, τὰ δὲ βίᾳ λαβόντες ἐκόμιζον 15
ἐν τῷ φορείῳ πρὸς τὴν θάλασσαν.

48. Ἐν τούτῳ δ᾽ οἱ σφαγεῖς ἐπῆλθον, ἑκατοντάρχης
d Ἑρέννιος καὶ Ποπίλλιος χιλίαρχος, ᾧ πατροκτονίας ποτὲ
δίκην φεύγοντι συνεῖπεν ὁ Κικέρων, ἔχοντες ὑπηρέτας.
2 ἐπεὶ δὲ τὰς θύρας κεκλεισμένας εὑρόντες ἐξέκοψαν, οὐ 20
φαινομένου τοῦ Κικέρωνος οὐδὲ τῶν ἔνδον εἰδέναι φασκόν- 287 S
των, λέγεται νεανίσκον τινά, τεθραμμένον μὲν ὑπὸ τοῦ
Κικέρωνος ἐν γράμμασιν ἐλευθερίοις καὶ μαθήμασιν, ἀπε-
λεύθερον δὲ Κοΐντου τοῦ ἀδελφοῦ, Φιλόλογον τοὔνομα,
φράσαι τῷ χιλιάρχῳ τὸ φορεῖον κομιζόμενον διὰ τῶν 25
καταφύτων καὶ συσκίων περιπάτων ἐπὶ τὴν θάλασσαν.

1 Val. Max. 1, 4, 6 App. civ. 4, 74 de vir. ill. 81, 6 ‖ **17** Liv.
per. 120 Val. Max. 5, 3, 4 Sen. contr. 7, 2, 8 App. civ. 4, 77
Cass. D. 47, 11

[(NU=)N (ABCE=)Υ] 1 θαλάττης Υ ‖ 3 κατασχόντες N:
καθίσαντες Υ ‖ 6 πονηρὸν εἶναι N ‖ 9 καταπτὰς Wytt. (κόρακες
ἐσπτάντες App.) ‖ 12 ἑαυτούς Υ ‖ 12—15 περιμενοῦσι—ἀμυνοῦσι
Cob. ‖ 18 ἐρέννιος BCE: ἐρρέννιος A ἐρρένιος N, item infra ∣
πίλλιος N πίλιος Υ: em. Xy. ‖ 20 εὗρον N ‖ 21 φαινομένου δὲ
τοῦ N ∣ εἰδέναι] ἰδεῖν Kron. ‖ 22 μὲν om. N ‖ 24 Φιλόλογον]
Philogonus Cic. ad Quint. fr. 1, 3, 4 videtur alius esse ‖ 26 θά-
λατταν Υ

ὁ μὲν οὖν χιλίαρχος ὀλίγους ἀναλαβὼν μεθ᾽ ἑαυτοῦ περιέ- 3
θει πρὸς τὴν ἔξοδον, τοῦ δ᾽ Ἑρεννίου δρόμῳ φερομένου διὰ
τῶν περιπάτων ὁ Κικέρων ᾔσθετο, καὶ τοὺς οἰκέτας ἐκέ- e
λευσεν ἐνταῦθα καταθέσθαι τὸ φορεῖον. αὐτὸς δ᾽ ὥσπερ εἰ- 4
414 L ώθει τῇ ἀριστερᾷ χειρὶ τῶν γενείων ἁπτόμενος, ἀτενὲς
6 ⟨ἐν⟩εώρα τοῖς σφαγεῦσιν, αὐχμοῦ καὶ κόμης ἀνάπλεως
καὶ συντετηκὼς ὑπὸ φροντίδων τὸ πρόσωπον, ὥστε τοὺς
πλείστους ἐγκαλύψασθαι τοῦ Ἑρεννίου σφάζοντος αὐτόν. 5
ἐσφάγη δὲ τὸν τράχηλον ἐκ τοῦ φορείου προτείνας, ἔτος 7. Dec.
43
10 ἐκεῖνο γεγονὼς ἑξηκοστὸν καὶ τέταρτον. τὴν δὲ κεφαλὴν 6
ἀπέκοψαν αὐτοῦ καὶ τὰς χεῖρας, Ἀντωνίου κελεύσαντος,
αἷς τοὺς Φιλιππικοὺς ἔγραψεν. αὐτός τε γὰρ ὁ Κικέρων
τοὺς κατ᾽ Ἀντωνίου λόγους Φιλιππικοὺς ἐπέγραψε, καὶ
μέχρι νῦν [τὰ βιβλία] Φιλιππικοὶ καλοῦνται.   f

15   **49.** Τῶν δ᾽ ἀκρωτηρίων εἰς Ῥώμην κομισθέντων, ἔτυχε
μὲν ἀρχαιρεσίας συντελῶν ὁ Ἀντώνιος, ἀκούσας δὲ καὶ
ἰδὼν ἀνεβόησεν, ὡς νῦν αἱ προγραφαὶ τέλος ἔχοιεν. τὴν 2
δὲ κεφαλὴν καὶ τὰς χεῖρας ἐκέλευσεν ὑπὲρ τῶν ἐμβόλων
ἐπὶ τοῦ βήματος θεῖναι, θέαμα Ῥωμαίοις φρικτόν, οὐ τὸ
20 Κικέρωνος ὁρᾶν πρόσωπον οἰομένοις, ἀλλὰ τῆς Ἀντωνίου
ψυχῆς εἰκόνα. πλὴν ἕν γέ τι φρονήσας μέτριον ἐν τού-
τοις, Πομπωνίᾳ τῇ Κοΐντου γυναικὶ τὸν Φιλόλογον παρ- 886
έδωκεν. ἡ δὲ κυρία γενομένη τοῦ σώματος, ἄλλαις τε 3
δειναῖς ἐχρήσατο τιμωρίαις, καὶ τὰς σάρκας ἀποτέμνοντα
25 τὰς ἑαυτοῦ κατὰ μικρὸν ὀπτᾶν, εἶτ᾽ ἐσθίειν ἠνάγκασεν.
288 S οὕτω γὰρ ἔνιοι τῶν συγγραφέων ἱστορήκασιν· ὁ δ᾽ αὐ- 4
τοῦ τοῦ Κικέρωνος ἀπελεύθερος Τίρων τὸ παράπαν οὐδὲ
μέμνηται τῆς τοῦ Φιλολόγου προδοσίας.

9 Tac. dial. 17 Hieron. chron. et Cassiod. chron. ad a. 43
Aug. c. d. 3, 30 ‖ 10 Plut. Ant. 20, 3sq. App. civ. 4, 20, 77
Cass. D. 47, 8, 3sq. Flor. 2, 16, 5

[(N U =) N (A B C E =) Υ] 1 περιέθεε N ‖ 6 ἑώρα: em. Sol. ‖
8 σφάξαντος N ‖ 11 ἀπέκοψεν Υ ‖ 12 αὐτός τε γὰρ Υ: οὕτως
γὰρ N ‖ 13 Φιλιππικοὺς om. N ‖ 14 τὰ βιβλία del. Herw. | φιλιπ-
πικὰ U ‖ 16 τελῶν Υ ‖ 22 πομπωνία N πομπηία U ‖ 25 αὐτοῦ
Υ ‖ 27 Τίρων Anon.: τίρων cf. p. 358, 16 ‖ 28 τοῦ om. N

5 Πυνθάνομαι δὲ Καίσαρα χρόνοις πολλοῖς ὕστερον εἰσ-
ελθεῖν πρὸς ἕνα τῶν θυγατριδῶν· τὸν δὲ βιβλίον ἔχοντα 415 L
Κικέρωνος ἐν ταῖς χερσίν, ἐκπλαγέντα τῷ ἱματίῳ
περικαλύπτειν· ἰδόντα δὲ τὸν Καίσαρα λαβεῖν καὶ διελ-
θεῖν ἑστῶτα μέρος πολὺ τοῦ βιβλίου, πάλιν δ᾽ ἀποδιδόντα 5
b τῷ μειρακίῳ φάναι „λόγιος ἀνὴρ ὦ παῖ, λόγιος καὶ φιλό-
πατρις.‘‘

6 Ἐπεὶ μέντοι τάχιστα κατεπολέμησεν ὁ Καῖσαρ Ἀντώνιον,
a.30 ὑπατεύων αὐτὸς εἵλετο συνάρχοντα τοῦ Κικέρωνος τὸν
υἱόν, ἐφ᾽ οὗ τάς τ᾽ εἰκόνας ἡ βουλὴ καθεῖλεν Ἀντωνίου, 10
καὶ τὰς ἄλλας ἁπάσας ἠκύρωσε τιμάς, καὶ προσεψηφί-
σατο μηδενὶ τῶν Ἀντωνίων ὄνομα Μᾶρκον εἶναι. οὕτω τὸ
δαιμόνιον εἰς τὸν Κικέρωνος οἶκον ἐπανήνεγκε τὸ τέλος
τῆς Ἀντωνίου κολάσεως.

---

50 (1). Ἃ μὲν οὖν ἄξια μνήμης τῶν περὶ Δημοσθέ- [Σύγ-κρισις]
c νους καὶ Κικέρωνος ἱστορουμένων εἰς τὴν ἡμετέραν ἀφῖ- 16
2 κται γνῶσιν, ταῦτ᾽ ἐστίν. ἀφεικὼς δὲ τὸ συγκρίνειν τὴν ἐν
τοῖς λόγοις ἕξιν αὐτῶν, ἐκεῖνό μοι δοκῶ μὴ παρήσειν ἄρ-
ρητον, ὅτι Δημοσθένης μὲν εἰς τὸ ῥητορικὸν ἐνέτεινε πᾶν
ὅσον εἶχεν ἐκ φύσεως ἢ ἀσκήσεως λόγιον, ὑπερβαλλόμε- 20
νος ἐναργείᾳ μὲν καὶ δεινότητι τοὺς ἐπὶ τῶν ἀγώνων καὶ
τῶν δικῶν συνεξεταζομένους, ὄγκῳ δὲ καὶ μεγαλοπρε-
πείᾳ τοὺς ἐπιδεικτικούς, ἀκριβείᾳ δὲ καὶ τέχνῃ τοὺς
3 σοφιστάς· Κικέρων δὲ καὶ πολυμαθὴς καὶ ποικίλος τῇ
περὶ τοὺς λόγους σπουδῇ γενόμενος, συντάξεις μὲν ἰδίας 289 S
d φιλοσόφους ἀπολέλοιπεν οὐκ ὀλίγας εἰς τὸν Ἀκαδημαϊ- 26
κὸν τρόπον, οὐ μὴν ἀλλὰ καὶ διὰ τῶν πρὸς τὰς δίκας καὶ τοὺς 416 L
ἀγῶνας γραφομένων λόγων δῆλός ἐστιν ἐμπειρίαν τινὰ

8 Cass. D. 51, 19, 4 App. civ. 4, 221 Plin. n. h. 22, 13 Sen. ben.
4, 30, 2 Fast. Venus. CIL I² p. 66 Fast. Amit. CIL I² p. 61

[(N U =)N (ABCE =) Υ] 4 τὸν om. Υ ‖ 6 ἀνὴρ Sch.: ἀνὴρ ‖
8 ὁ Καῖσαρ om. Υ ‖ 10 καθεῖλεν Sint.: ἀνεῖλεν Υ ἀνεῖλε τοῦ ἀν-
τωνίου ἡ βουλὴ N ‖ 11 ἁπάσας om. Υ ‖ 12 τὸν ἀντώνιον N ‖
13 ἐπενήνεγκε N ἐπήνεγκε U

γραμμάτων παρενδείκνυσθαι βουλόμενος. ἔστι δέ τις καὶ 4
τοῦ ἤθους ἐν τοῖς λόγοις ἑκατέρου δίοψις. ὁ μὲν γὰρ
Δημοσθενικὸς ἔξω παντὸς ὡραϊσμοῦ καὶ παιδιᾶς εἰς δει-
νότητα καὶ σπουδὴν συνηγμένος οὐκ ἐλλυχνίων ὄδωδεν, ὥσ-
5 περ ὁ Πυθέας ἔσκωπτεν, ἀλλ' ὑδροποσίας καὶ φροντίδων καὶ
τῆς λεγομένης πικρίας τοῦ τρόπου καὶ στυγνότητος · Κικέ-
ρων δὲ πολλαχοῦ τῷ σκωπτικῷ πρὸς τὸ βωμολόχον ἐκφε-
ρόμενος, καὶ πράγματα σπουδῆς ἄξια γέλωτι καὶ παιδιᾷ 6
κατειρωνευόμενος ἐν ταῖς δίκαις εἰς τὸ χρειῶδες, ἠφείδει
10 τοῦ πρέποντος, ὥσπερ ἐν τῇ Καιλίου συνηγορίᾳ (17, 41)
μηδὲν ἄτοπον ⟨φήσας⟩ ποιεῖν αὐτὸν ἐν τοσαύτῃ τρυφῇ
καὶ πολυτελείᾳ ταῖς ἡδοναῖς χρώμενον · τὸ γὰρ ὧν ἔξεστι
μὴ μετέχειν μανικὸν εἶναι, καὶ ταῦτ' ἐν ἡδονῇ τὸ εὐδαι-
μονοῦν τῶν ἐπιφανεστάτων φιλοσόφων τιθεμένων. λέ- 5
15 γεται δὲ καὶ Κάτωνος Μουρήναν διώκοντος ὑπατεύων
ἀπολογεῖσθαι καὶ πολλὰ διὰ τὸν Κάτωνα κωμῳδεῖν τὴν
Στωικὴν αἵρεσιν ἐπὶ ταῖς ἀτοπίαις τῶν παραδόξων λεγο-
μένων δογμάτων · γέλωτος δὲ λαμπροῦ κατιόντος ἐκ τῶν
περιεστώτων εἰς τοὺς δικαστάς, ἡσυχῇ διαμειδιάσας ⟨ὁ f
20 Κάτων⟩ πρὸς τοὺς παρακαθημένους εἰπεῖν · ,,ὡς γελοῖον
ὦ ἄνδρες ἔχομεν ὕπατον." δοκεῖ δὲ καὶ γέλωτος οἰκεῖος 6
ὁ Κικέρων γεγονέναι καὶ φιλοσκώπτης, τό τε πρόσωπον
αὐτοῦ μειδίαμα καὶ γαλήνη κατεῖχε · τῷ δὲ Δημοσθένους
ἀεί τις ἐπῆν σπουδή, καὶ τὸ πεφροντικὸς τοῦτο καὶ σύν-
417 L
25 νουν οὐ ῥᾳδίως ἀπέλειπεν · ὅθεν καὶ δύσκολον αὐτὸν οἱ

---

4 Plut. Demosth. 8, 4 ‖ 14 Plut. Cat. min. 21, 7 sq. Cic. de
fin. 4, 74 p. Mur. 61. 75

[(N U =)N (ABCE =)Υ] 1 παρεπιδείκνυσθαι Υ ‖ 3 δημο-
σθένης N Δημοσθένους Zie. ‖ 6 στρυφνότητος Ammon cl. Mar.
2, 1 ‖ 10 Καιλίου Wytt.: κελίου Ald. κεκιλίου libri ‖ 11 φήσας
add. Zie. e. g. | τροφῇ N ‖ 13 εὐδαιμονοῦν N: εὔδαιμον Υ ‖ 14 τῶν
ἐπιφανεστάτων Υ: ἐμφανέστατα τῶν N ‖ 15 καὶ om. Υ ‖ 19 εἰς N:
πρὸς Υ ‖ 19. 20 ὁ Κάτων add. Sol. ‖ 20 καθημένους Υ | εἶπεν N ‖
23 γαλήνην παρεῖχε (εἶχε N): em. Zie. cl. e. g. mor. 303 c. Dion.
23, 3. 39, 2. Brut. 36, 5. Cat. min. 70, 5. Alex. 67, 5 ‖ 24 τὸ φρον-
τιστικὸν N | τούτῳ Υ ‖ 25 ἀπέλιπεν: em. Cor.

ἐχθροὶ καὶ δύστροπον, ὡς αὐτὸς εἴρηκεν (Phil. 2, 30), ἀπεκάλουν προδήλως.

887 **51 (2).** Ἔτι τοίνυν ἐν τοῖς συγγράμμασι κατιδεῖν ἔστι τὸν μὲν ἐμμελῶς καὶ ἀνεπαχθῶς τῶν εἰς ἑαυτὸν ἁπτόμενον ἐγκωμίων, ὅτε τούτου δεῆσαι πρὸς ἕτερόν τι μεῖζον, 290 S τἆλλα δ᾽ εὐλαβῆ καὶ μέτριον· ἡ δὲ Κικέρωνος ἐν τοῖς λό- 6 γοις ἀμετρία τῆς περιαυτολογίας ἀκρασίαν τινὰ κατηγόρει πρὸς δόξαν, βοῶντος ὡς τὰ ὅπλα δεῖ τῇ τηβέννῳ καὶ 2 τῇ γλώττῃ τὴν θριαμβικὴν ὑπείκειν δάφνην. τελευτῶν δ᾽ οὐ τὰ ἔργα καὶ τὰς πράξεις μόνον, ἀλλὰ καὶ τοὺς λόγους 10 ἐπῄνει τοὺς εἰρημένους ὑφ᾽ αὑτοῦ καὶ γεγραμμένους, ὥσ- περ Ἰσοκράτει καὶ Ἀναξιμένει τοῖς σοφισταῖς διαμειρα- b κιευόμενος, οὐ τὸν Ῥωμαίων δῆμον ἄγειν ἀξιῶν καὶ ὀρθοῦν,

βριθύν, ὁπλιτοπάλαν, δάιον ἀντιπάλοις (Aeschyl. fr. 4 D.).

3 ἰσχύειν μὲν γὰρ διὰ λόγου τὸν πολιτευόμενον ἀναγκαῖον, 15 ἀγαπᾶν δ᾽ ἀγεννὲς καὶ λιχνεύειν τὴν ἀπὸ τοῦ λόγου δόξαν. ὅθεν ἐμβριθέστερος ταύτῃ καὶ μεγαλοπρεπέστερος ὁ Δη- μοσθένης, τὴν μὲν αὑτοῦ δύναμιν ἐμπειρίαν τινὰ πολλῆς δεομένην τῆς παρὰ τῶν ἀκροωμένων εὐνοίας ἀποφαινόμενος (18, 277), ἀνελευθέρους δὲ καὶ βαναύσους, ὥσπερ εἰσί, 20 τοὺς ἐπὶ τούτῳ φυσωμένους ἡγούμενος.

52 (3). Ἡ μὲν οὖν ἐν τῷ δημηγορεῖν καὶ πολιτεύεσθαι δύναμις ὁμαλῶς ἀμφοτέροις ὑπῆρξεν, ὥστε καὶ τοὺς τῶν 418 L c ὅπλων καὶ στρατοπέδων κυρίους δεῖσθαι, Δημοσθένους μὲν Χάρητα καὶ Διοπείθη καὶ Λεωσθένην, Κικέρωνος δὲ 25

---

6 cf. Cic. Phil. 2, 20 off. 1, 77 in Pis. 72 sq. Ps.-Sall. invect. in Cic. 3. 6 Quint. 11, 1, 24 ‖ 14 mor. 317 e 334 d 640 a Eustath. Il. p. 1395, 55 ‖ 23 mor. 486d

[(N U =)N(ABCE =)Υ] **1** εἴρηκεν **N**: φησιν **Υ** ‖ **2** προδήλως om. **Υ** ‖ **4** αὐτὸν **Υ** ‖ **6** δ᾽ **Υ**: δὲ καὶ **N** ‖ **7** κατηγορεῖ **N** ‖ **8** ἔδει **Υ** ‖ **9** τῇ γλώττῃ] laudi Cic. linguae Ps.-Sall., Quint., cf. Plin. n. h. 7, 117 ‖ **11** ἐπαινεῖ **Υ** | ὑπ᾽ αὐτοῦ **Υ** ‖ **12** ἀναξιμένει καὶ σωκράτει **N** | διαμειρακευόμενος: em. Bekker ‖ **13** ῥωμαῖον **N** ‖ **17** μεγα- λοπρεπέστατος **Υ** ‖ **24** καὶ **Υ**: καὶ τοὺς τῶν **N** ‖ **25** διοπείθην **A**

*Πομπήιον καὶ Καίσαρα τὸν νέον, ὡς αὐτὸς ὁ Καῖσαρ ἐν
τοῖς πρὸς Ἀγρίππαν καὶ Μαικήναν ὑπομνήμασιν εἴρηκεν*
(HRR II 56). *ὃ δὲ δοκεῖ μάλιστα καὶ λέγεται τρόπον ἀν-* 2
δρὸς ἐπιδεικνύναι καὶ βασανίζειν, ἐξουσία καὶ ἀρχὴ πᾶν
5 *πάθος κινοῦσα καὶ πᾶσαν ἀποκαλύπτουσα κακίαν, Δη-*
μοσθένει μὲν οὐχ ὑπῆρξεν, οὐδ᾽ ἔδωκε τοιαύτην διάπειραν
αὐτοῦ, μηδεμίαν ἀρχὴν τῶν ἐπιφανῶν ἄρξας, ὃς οὐδὲ τῆς
ὑφ᾽ αὑτοῦ συντεταγμένης ἐπὶ Φίλιππον ἐστρατήγησε δυ-
291 S *νάμεως· Κικέρων δὲ ταμίας εἰς Σικελίαν καὶ ἀνθύπατος* 3 d
10 *εἰς Κιλικίαν καὶ Καππαδοκίαν ἀποσταλείς, ἐν ᾧ καιρῷ*
τῆς φιλοπλουτίας ἀκμαζούσης καὶ τῶν πεμπομένων στρα-
τηγῶν καὶ ἡγεμόνων, ὡς τοῦ κλέπτειν ἀγεννοῦς ὄντος, ἐπὶ
τὸ ἁρπάζειν τρεπομένων, οὐ τὸ λαμβάνειν ἐδόκει δεινόν,
ἀλλ᾽ ὁ μετρίως τοῦτο ποιῶν ἠγαπᾶτο, πολλὴν μὲν ἐπίδει-
15 *ξιν ὑπεροψίας χρημάτων ἐποιήσατο, πολλὴν δὲ φιλαν-*
θρωπίας καὶ χρηστότητος. ἐν αὐτῇ δὲ τῇ Ῥώμῃ λόγῳ 4
μὲν ἀποδειχθεὶς ὕπατος, ἐξουσίαν δὲ λαβὼν αὐτοκράτορος
καὶ δικτάτορος ἐπὶ τοὺς περὶ Κατιλίναν, ἐμαρτύρησε τῷ
Πλάτωνι (resp. 473 d) *μαντευομένῳ παῦλαν ἕξειν κακῶν* e
20 *τὰς πόλεις, ὅταν εἰς ταὐτὸ δύναμίς τε μεγάλη καὶ φρόνη-*
σις ἔκ τινος τύχης χρηστῆς ἀπαντήσῃ μετὰ δικαιοσύνης.

Χρηματίσασθαι τοίνυν ἀπὸ τοῦ λόγου Δημοσθένης μὲν 5
419 L *ἐπιψόγως λέγεται, λογογραφῶν κρύφα τοῖς περὶ Φορ-*
μίωνα καὶ Ἀπολλόδωρον ἀντιδίκοις, καὶ διαβληθεὶς μὲν
25 *ἐπὶ τοῖς βασιλικοῖς χρήμασιν, ὀφλὼν δὲ τῶν Ἁρπαλείων.*
εἰ δὲ ταῦτα τοὺς γράφοντας (οὐκ ὀλίγοι δ᾽ εἰσὶν οὗτοι) 6
ψεύδεσθαι φαίημεν, ἀλλ᾽ ὅτι γε πρὸς δωρεὰς βασιλέων
σὺν χάριτι καὶ τιμῇ διδομένας ἀντιβλέψαι Δημοσθένης
οὐκ ἂν ἐτόλμησεν (οὐδ᾽ ἦν τοῦτ᾽ ἔργον ἀνθρώπου f

3 Aristot. eth. Nic. 5, 3, 1130 a 1 Soph. Antig. 175

[(N U =)N (ABCE =)Υ] **1** καὶ om. N ‖ **2** μακήναν N ‖
7 ἑαυτοῦ Υ ‖ **9** ταμίας Υ: ταμιεύσας μὲν N ‖ **13** τραπομένων N ‖
15 πολλῆς **NA** ‖ **18** περὶ om. N | τῷ N: ἅμα τῷ Υ ‖ **22** ἀπὸ
τοῦ λόγου N Aᵐ: ἐπὶ τῷ λόγῳ Υ ‖ **25** ἁρπαλίων N ‖ **26** οὗτοι om.
N; cf. p. 310, 22 ‖ **29** τοῦτο τὸ Υ

7 δανείζοντος ἐπὶ ναυτικοῖς), ἀμήχανον ἀντειπεῖν· περὶ δὲ
Κικέρωνος, ὅτι καὶ Σικελιωτῶν ἀγορανομοῦντι καὶ βασι-
λέως τοῦ Καππαδοκῶν ἀνθυπατεύοντι καὶ τῶν ἐν Ῥώμῃ
φίλων, ὅτε τῆς πόλεως ἐξέπιπτε, δωρουμένων πολλὰ καὶ
δεομένων λαβεῖν ἀντέσχεν, εἴρηται.   5

53 (4). Καὶ μὴν ἥ γε φυγὴ τῷ μὲν αἰσχρὰ κλοπῆς
ἁλόντι συνέπεσε, τῷ δὲ διὰ κάλλιστον ἔργον, ἀνθρώπους
888 2 ἀλιτηρίους τῆς πατρίδος ἐκκόψαντι. διὸ τοῦ μὲν οὐδεὶς
λόγος ἐκπίπτοντος, ἐφ᾽ ᾧ δ᾽ ἡ σύγκλητος ἐσθῆτά τε διήλ-
λαξε καὶ πένθος ἔσχε καὶ γνώμην ὑπὲρ οὐδενὸς εἰπεῖν 10
ἐπείσθη πρότερον ἢ Κικέρωνι κάθοδον ψηφίσασθαι. τὴν
μέντοι φυγὴν ἀργῶς ὁ Κικέρων διήνεγκεν ἐν Μακεδονίᾳ 292 S
καθήμενος, τῷ δὲ Δημοσθένει καὶ ἡ φυγὴ μέρος μέγα
3 τῆς πολιτείας γέγονε. συναγωνιζόμενος γὰρ ὡς εἴρηται
τοῖς Ἕλλησι καὶ τοὺς Μακεδόνων πρέσβεις ἐξελαύνων 15
ἐπήρχετο τὰς πόλεις, πολὺ βελτίων Θεμιστοκλέους καὶ
Ἀλκιβιάδου παρὰ τὰς αὐτὰς τύχας διαφανεὶς πολίτης·
καὶ μέντοι καὶ κατελθὼν αὖθις αὑτὸν ἐπέδωκεν εἰς τὴν
b αὐτὴν ταύτην πολιτείαν, καὶ διετέλει πολεμῶν πρὸς
4 Ἀντίπατρον καὶ Μακεδόνας. Κικέρωνα δ᾽ ὠνείδισεν ἐν 420 L
τῇ βουλῇ Λαίλιος, αἰτουμένου Καίσαρος ὑπατείαν μετιέ- 21
ναι παρὰ νόμον οὔπω γενειῶντος, σιωπῇ καθήμενον. ἔ-
γραφε δὲ καὶ Βροῦτος (Brut. 1, 16) ἐγκαλῶν ὡς μείζονα
καὶ βαρυτέραν πεπαιδοτριβηκότι τυραννίδα τῆς ὑφ᾽ αὑτοῦ
καταλυθείσης.   25

54 (5). Ἐπὶ πᾶσι δὲ τῆς τελευτῆς τὸν μὲν οἰκτίσαι τις
⟨ἄν⟩, ἄνδρα πρεσβύτην δι᾽ ἀγέννειαν ὑπ᾽ οἰκετῶν ἄνω
καὶ κάτω περιφερόμενον καὶ φεύγοντα τὸν θάνατον καὶ

[(N U =)N (A B C E =)Υ] **2** καί¹ om. **N** ǁ **4** ὅτ᾽ ἐξέπιπτε τῆς
πόλεως Υ ǁ **6** γε Υ: τε **N** | αἰσχρᾶς **N** ǁ **7** διὰ om. Υ ǁ **8** ἐκκό-
ψαντι τῆς πατρίδος Υ | οὐδεὶς ⟨ἦν⟩ Zie. ǁ **11** κάθοδον Υ: τὴν κά-
θοδον **N** ǁ **13** μέρος μέγα **N A**: μέγα μέρος **B C E** ǁ **14** ὡς **N**:
ὥσπερ Υ ǁ **17** φανεὶς Υ ǁ **18** καί² om. Υ | κατελθεῖν Υ | ἑαυτὸν Υ ǁ
21 μετιέναι om. **N**, delebat iam Wytt. ǁ **24** βαθυτέραν **N** ǁ
26 οἰκτείραι Υ ǁ **27** ἄν h. l. add. Sint., ante οἰκτίσαι Sch. |
εὐγένειαν: em. Anon. ǁ **28** περιφεύγοντα Υ

ἀποκρυπτόμενον τοὺς οὐ πολὺ πρὸ τῆς φύσεως ἥκοντας
ἐπ᾽ αὐτόν, εἶτ᾽ ἀποσφαγέντα· τοῦ δ᾽, εἰ καὶ μικρὰ πρὸς 2
τὴν ἱκεσίαν ἐνέδωκεν, ἀγαστὴ μὲν ἡ παρασκευὴ τοῦ φαρ- c
μάκου καὶ τήρησις, ἀγαστὴ δ᾽ ἡ χρῆσις, ὅτι τοῦ θεοῦ μὴ
5 παρέχοντος αὐτῷ τὴν ἀσυλίαν, ὥσπερ ἐπὶ μείζονα βωμὸν
καταφυγών, ἐκ τῶν ὅπλων καὶ τῶν δορυφόρων λαβὼν
ἑαυτὸν ᾤχετο, τῆς Ἀντιπάτρου καταγελάσας ὠμότητος.

[(N U =)N (ABCE =)Υ] **3** ἱκετείαν Υ ‖ **5** παρασχόντος Υ |
μείζονος Sch.

BIBLIOTHECA TEVBNERIANA

PLVTARCHVS, Vitae parallelae

Vol. I. Fasc. 1.
Theseus et Romulus · Solon et Publicola · Themistocles et
Camillus · Aristides et Cato maior · Cimon et Lucullus

Vol. I. Fasc. 2
Pericles et Fabius Maximus · Nicias et Crassus · Alcibiades
et Coriolanus · Demosthenes et Cicero

Vol. II. Fasc. 1
Phocion et Cato maior · Dion et Brutus · Aemilius
Paulus et Timoleon · Sertorius et Eumenes

Vol. II. Fasc. 2
Philopoemen et Titus Flaminius · Pelopidas et Marcellus ·
Alexander et Caesar

Vol. III. Fasc. 1
Demetrius et Antonius · Pyrrhus et Marius · Aratus et
Artaxerxes · Agis et Cleomenes et Ti. et C. Gracchi

Vol. III. Fasc. 2
Lycurgus et Numa · Lysander et Sulla · Agesilaus et
Pompeius · Galba et Otho

Vol. IV
Indices

In Einzelausgaben:
Alexander et Caesar
Demosthenes et Cicero

B.G. TEUBNER STUTTGART UND LEIPZIG